"十四五"职业教育国家规划教材

电动汽车动力电池技术

主 编 董铸荣 张 凯
副主编 张 磊 熊 永 黄 建
主 审 王 珍

北京理工大学出版社
BEIJING INSTITUTE OF TECHNOLOGY PRESS

内 容 简 介

本书为深圳职业技术学院与比亚迪股份有限公司校企合作共同编写的新形态一体化教材,以项目和任务的形式进行内容编排。

本书旨在传授和培养学生掌握电动汽车动力电池的基础知识、评价测试、典型电池特性、电池管理及充电维护等方面的技能,可利用配套的慕课视频、动画、虚拟仿真平台等优质数字资源开展教学,帮助学生全面理解和把握动力电池知识体系,并掌握相应技能。

本书可作为高职本、专科新能源汽车技术、新能源汽车工程技术等相关专业的教材,也可供从事新能源汽车研发、生产和管理等方面的工程技术人员参考。

图书在版编目(CIP)数据

电动汽车动力电池技术 / 董铸荣,张凯主编. --北京：
北京理工大学出版社,2021.11(2024.8 重印)
ISBN 978-7-5763-0658-3

Ⅰ.①电… Ⅱ.①董… ②张… Ⅲ.①电动汽车-蓄
电池-教材 Ⅳ.①U469.720.3

中国版本图书馆 CIP 数据核字(2021)第 228394 号

责任编辑：孟祥雪	**文案编辑**：孟祥雪
责任校对：周瑞红	**责任印制**：李志强

出版发行 / 北京理工大学出版社有限责任公司
社　　址 / 北京市丰台区四合庄路 6 号
邮　　编 / 100070
电　　话 / (010) 68914026 (教材售后服务热线)
　　　　　　 (010) 68944437 (课件资源服务热线)
网　　址 / http://www.bitpress.com.cn

版 印 次 / 2024 年 8 月第 1 版第 4 次印刷
印　　刷 / 河北盛世彩捷印刷有限公司
开　　本 / 787 mm×1092 mm　1/16
印　　张 / 10
字　　数 / 212 千字
定　　价 / 36.00 元

前　言

为贯彻落实党的二十大精神，转变能源发展方式，加快推进清洁替代和电能替代，彻底摆脱化石能源依赖是实现我国"碳达峰、碳中和"的根本途径，在"双碳"目标的大背景下，新能源汽车仍是长期持续成长的行业，同时也是我们国家的优势产业。动力电池作为新能源汽车的核心零部件和高端装备制造业的代表，其发展状况对于新能源汽车的普及和推广起到关键作用。既可以推动形成绿色低碳的生产方式和生活方式，又可以助推我国经济实力实现历史性跃升，2020年10月，由工信部指导、中国汽车工程学会修订的《节能与新能源汽车技术路线图2.0》发布，提出我国要形成完整、自主、关键可控的动力电池产业链。

深圳职业技术学院是国内较早开展新能源汽车技术教学的学校，多年来积累了较为丰富的教学经验，比亚迪是国内新能源汽车的龙头企业，其电池研发和生产在动力电池行业举足轻重。2019年校企双方合作共建"比亚迪应用技术学院"，将双方的合作推到了新的阶段。为落实学校"九个共同"之"校企共同编写教材"，在校企双方领导的大力支持下，2020年年初启动了教材的编写工作。双方组织了精干的教师队伍和工程师团队，经过多轮反复讨论，在"十三五"职业教育国家规划教材《动力电池管理及维护技术》的基础上修改完成了《电动汽车动力电池技术》教材。

本教材采用新形态一体化的编写模式，融入课程思政元素，贯彻最新的动力电池技术国家标准，以项目和任务的形式编排内容，并配备相当数量的视频、动画等资源。本书旨在传授和培养学生掌握电动汽车动力电池的基础知识、评价测试、典型电池特性、电池管理及充电维护等方面的技能。教材注重框架体系的完整性，并可利用配套的慕课视频、动画、虚拟仿真软件等优质数字资源开展教学，帮助学生全面理解和把握动力电池知识体系，兼具前沿性，并适当增加实际案例分析和实操演示。

本书由董铸荣、张凯担任主编，张磊、熊永、黄建担任副主编，王珍担任主审。编写人员具体分工如下：董铸荣负责项目一、五统稿，并编写任务1-3、2-1、2-3，张凯负责项

目二、三、四统稿，并编写任务 1-4、2-2、3-2，张磊编写任务 1-2，熊永编写任务 3-1、4-2，黄建编写任务 1-1、5-2，郭冠南编写任务 3-3，易宁编写任务 3-4，周兴锋编写任务 4-1，肖晶编写任务 4-3，何赟泽编写任务 5-1，范文慧编写任务 5-3，张永波编写任务 5-4。

教材编写过程中获得了比亚迪公司人力资源处吴杨、熊敏女士的热情帮助，以及产品规划及汽车新技术研究院、比亚迪汽车工程研究院和弗迪电池有限公司等部门领导的大力支持，在此表示衷心感谢。此外，感谢杭州捷能科技有限公司夏军先生、深圳市新威尔电子有限公司钱敦瑶先生的帮助，编写过程参考了已出版书籍、标准和其他技术资料，在此谨向作者表示感谢。教材出版过程获得了贺萍、潘浩、刘晓瑾、胡林林大力支持与帮助，在此表示感谢。

由于编者水平所限，错漏之处在所难免，恳请读者多提宝贵意见，邮箱：upm1933@dingtalk.com。

编　者

目　录

项目一　动力电池基础知识 ………………………………………………… 1

任务 1-1　了解电池的前世今生 …………………………………………… 2

任务 1-2　知晓电池的原理分类 …………………………………………… 11

任务 1-3　理解动力电池的系统组成 ……………………………………… 15

任务 1-4　掌握动力电池的性能表征 ……………………………………… 20

项目二　动力电池评价测试 …………………………………………………… 29

任务 2-1　了解动力电池驱动评价 ………………………………………… 30

任务 2-2　掌握动力电池测试标准 ………………………………………… 35

任务 2-3　认知动力电池测试设备 ………………………………………… 46

项目三　典型电池特性与应用 ………………………………………………… 53

任务 3-1　了解传统动力电池 ……………………………………………… 54

任务 3-2　掌握锂离子动力电池 …………………………………………… 62

任务 3-3　掌握燃料电池原理及应用 ……………………………………… 76

任务 3-4　知晓其他电池与储能装置 ……………………………………… 84

项目四　动力电池管理系统 …………………………………………………… 95

任务 4-1　了解电池管理系统构成原理 …………………………………… 96

任务 4-2　掌握电量及均衡管理 …………………………………………… 102

任务 4-3　掌握热和安全管理 ……………………………………………… 109

项目五　动力电池充电与维护 …………………………………………………… 119

　　任务 5-1　了解动力电池能量补给方式 ………………………………………… 120

　　任务 5-2　掌握动力电池的充电过程 …………………………………………… 126

　　任务 5-3　掌握动力电池维护保养 ……………………………………………… 134

　　任务 5-4　了解动力电池故障诊断 ……………………………………………… 139

参考文献 ……………………………………………………………………………… 148

项目一 动力电池基础知识

伴随环境以及能源短缺问题，以化石燃料为主要能量来源的汽车工业面临严峻的挑战，发展电动汽车用动力电池代替化石燃料，是目前解决这些问题的有效途径。

本项目将介绍动力电池发展历程和现状，介绍主要动力电池企业及其产品状况，介绍动力电池基本工作原理、构成和分类知识，学习动力电池基本参数与状态表征。通过本项目学习，读者将了解动力电池的前世今生，掌握电池构成及性能参数知识，为后续学习打下坚实基础。本章知识点树图如图1-1所示。

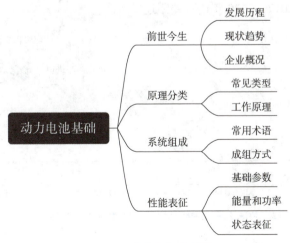

图1-1 本章知识点树图

1

社会能力

1. 树立能源安全和节能环保意识；
2. 具有较强的分析问题并撰写分析报告（报表）的能力；
3. 强化汇报沟通的能力；
4. 小组协同学习能力。

方法能力

1. 通过查询资料完成学习任务，提高资源搜集的能力；
2. 通过制作报表，提升分析事物演化发展的能力；
3. 通过完成学习任务，提高解决实际问题的能力。

任务 1-1　了解电池的前世今生

任务引言

根据国际清洁运输理事会（ICCT）的研究，2010—2020 年，中国成为最大的电动车生产国，占全球电动车产量的 44%，十年间约生产和销售了 460 万辆。如图 1-2 所示，美国在新能源车生产和使用方面落后于中国和欧洲，而且 2017—2020 年这一差距还扩大了。

中国及全球锂电池出货量（2016-2020）

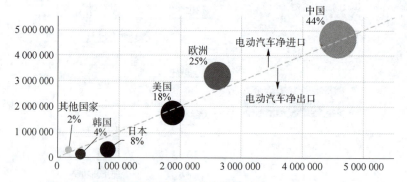

图 1-2　全球主要地区电动汽车产销量对比（2010—2020 年）

汽车发明以来的一百多年间，中国从不能制造汽车，到可以制造自己品牌的汽车，从模仿、追赶国外燃油汽车技术，发展到目前在国际新能源汽车舞台占据举足轻重的地位，这期间经历了几代汽车人的努力。而动力电池作为电动汽车的核心零部件，以比亚迪、宁德时代为代表的民族动力电池企业努力拼搏的过程也正是我国新能源汽车产业发展的一个标志。

 学习目标

1. 掌握电池的发展简史；
2. 了解电动汽车的发展历程；
3. 掌握动力电池的技术现状与发展趋势；
4. 了解主要动力电池企业概况。

知识储备

中国新能源汽车
销量及占比变化

蓄电池发展简史

一、电池的发展简史

现代电池发明至今已经过了两百多年。1800 年，亚历山大·伏特制成了人类历史上最早的电池，后人称之为伏特电池（图 1-3）。1830 年，威廉姆·斯特金解决了伏特电池的弱电流和极化问题，使电池的使用寿命大大延长。1836 年，约翰·丹尼尔进一步改进了伏特电池，后人称之为丹尼尔电池，它是第一个可长时间持续供电的蓄电池。1859 年，法国科学家普兰特·加斯东发明了一种能够产生较大电流的可重复充电的铅酸电池。1899 年 Waldmar Jungner 发明了 Cd-Ni 电池。1984 年波兰的飞利浦（Philips）公司成功研制出 LaNi5 储氢合金，并制备出 MH-Ni 电池。

图 1-3　伏特电池

1991 年，可充电的锂离子蓄电池问世，随后索尼公司开始大规模生产民用锂离子电池。1995 年，日本索尼公司首先研制出 100 A·h 锂离子动力电池并将其应用在电动汽车上，展示了锂离子电池作为电动汽车用动力电池的优越性能，引起了广泛关注。目前，锂离子动力电池被认为是最有希望的电动汽车用动力蓄电池之一，并在多种电动汽车上推广应用。近年推出的电动汽车产品绝大多数都采用锂离子动力电池，并形成了以钴酸锂、锰酸锂、磷酸铁锂为主的电动汽车锂离子动力电池应用体系。图 1-4 所示为某电动汽车锂离子电池系统。

随着对电池能量密度提升的需要，三元锂电池在乘用车领域的占比越来越大，动力电池

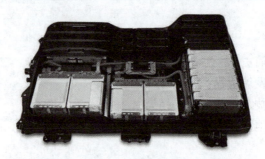

图 1-4　某电动汽车锂离子电池系统

安全问题备受瞩目，而固态电池因其能够很大程度改善安全性，成为继三元锂电池之后的下一轮动力电池热点。相比于普通电动汽车，氢燃料电池汽车具有添加燃料快、续航能力长的优势，因此被认为是新能源车的终极解决方案。其他电池，如锌空气电池、钠硫电池、镁电池等，在过去的一百多年中在电动汽车上也有所应用，但由于其电池的性能、成本等问题，尚未成为电动汽车应用电池的主流。

如今新型高能动力电池不断见诸报道，可以预见，随着技术的进步，动力电池技术必将获得更大的发展。

二、电动汽车的发展历程

一百多年来，电动汽车的发展经历了发明、发展、繁荣、衰退和复苏 5 个阶段，而电池技术的发展和进步，在其中起到了关键的作用。

1. 电动汽车的发明

电动汽车的
发明和发展

1839 年，苏格兰的罗伯特·安德森（Robert Anderson）给四轮马车装上了电池和电动机，将其成功改造为世界上第一辆靠电力驱动的车辆，如图 1-5 所示。

1842 年他又与托马斯·戴文波特（Thomas Davenport）合作制作电动汽车，该车采用的是不可充电的玻璃封装蓄电池，自此开创了电动汽车发展和应用的历史。这比德国人戈特利布·戴姆勒（Gottlieb Daimler）和卡尔·本茨（Karl Benz）发明汽油发动机汽车早了数十年。1847 年，美国人摩西·法莫制造了第一辆以蓄电池为动力、可乘坐两人的电动汽车。

图 1-5　世界第一辆电动汽车

2. 电动汽车的发展

1881 年 11 月，法国人古斯塔夫·特鲁夫在巴黎展出了一台电动三轮车。1882 年，威廉姆·爱德华·阿顿和约翰·培理也制成了一辆电动三轮车，车上还配备了照明灯。1891 年，美国人亨利·莫瑞斯制成了第一辆电动四轮车，实现了从三轮向四轮的转变，这是电动车向实用化方向迈出的重要一步。

1897 年，美国费城电车公司研究制造的纽约电动出租车实现了电动车的商业化运营。1899 年 5 月，一个名叫卡米勒·杰纳茨的比利时人驾驶了一辆以 44 kW 双电动机为动力的后轮驱动的子弹头型电动汽车，这是世界上第一辆时速超过 100 km 的汽车。1899 年，贝克汽车公司在美国成立，生产电动汽车。贝克公司生产的电动赛车的车速能超过 120 km/h，而且是第一辆座位上装有安全带的乘用车。

3. 电动汽车的繁荣

19 世纪末期到 1920 年是电动车发展的一个高峰。据统计，到 1890 年，在全球的 4 200 辆汽车中，有 38% 为电动汽车，40% 为蒸汽车，22% 为内燃机汽车。到 1911 年，就已经有电动出租汽车在巴黎和伦敦的街头上运营了。美国首先实现了早期电动车的商业运营，成为发展最快、应用最广的国家。

1912 年，已经有几十万辆电动汽车遍及全世界，被广泛使用于出租车、送货车、公共汽车等领域，在美国登记的电动汽车数量达到了 34 000 辆。电动汽车产销量在当年达到最大，在 20 世纪 20 年代仍有不俗表现。

4. 电动汽车的衰退

电动汽车的黄金时代并没维持多久。美国得克萨斯州发现了石油，使得汽油价格下跌，大大降低了汽油车的使用成本。1908 年，福特汽车公司推出了 T 型车，并开始大批量生产，内燃机汽车的成本大幅度下降，1912 年电动车售价 1 750 美元，而汽油车只要 650 美元。亨利·福特以大批量流水线生产方式生产汽油车，使得汽油车价格更加低廉。

电动汽车的
衰退与复苏

同时，电动汽车续驶里程短、充电时间长成为无法与内燃机汽车相抗衡的致命因素。随着道路交通系统的改善，导致对长距离运输车辆的需求不断增加，电动汽车的黄金时代仅仅维持了 20 多年，便走向衰退。20 世纪 30 年代，电动汽车几乎消失了。

5. 电动汽车的复苏

20 世纪 60 年代，内燃机汽车大批量使用导致了严重的空气污染。不仅如此，更严重的是内燃机汽车对石油的过分依赖，导致一系列的政治问题和国家安全问题。70 年代初，世界石油危机对美国乃至世界经济产生了重大影响，而电动汽车由于其良好的环保性能和能摆脱对石油的依赖性，重新得到社会各界的重视。20 世纪 70 年代末期，德国戴姆勒-奔驰汽车公司生产了一批 LE306 电动汽车，采用铅酸电池，电压为 180 V，容量为 180 A·h，铅酸电池质量为 1 000 kg。1977 年，第一次国际电动汽车会议在美国举行，公开展出了 100 多辆电动汽车。

1991 年，美国通用汽车公司、福特汽车公司和克莱斯勒汽车公司共同商议，成立了先进电池联合体（USABC），共同研究开发新一代电动汽车所需的高能电池。但经过多年的

探索，蓄电池技术还是未能获得关键性突破，以通用为代表的汽车厂商不再积极鼓励发展纯电动汽车，转向了对燃料电池车的研究。2009年，奥巴马上台后又转向了率先实现混合动力车商业化、燃料电池车作为远期目标的电动汽车发展战略。特斯拉（Tesla）公司先后于2008年和2012年推出的Roadster和Model S（图1-6）纯电动车型获得了巨大的成功。

图1-6　特斯拉 Model S 纯电动汽车

进入21世纪后，欧洲电动汽车产业快速发展，保有量均大幅增长。欧洲的汽车企业也纷纷在传统内燃机汽车的技术优势的基础上推出了自己的插电式混合动力和纯电动汽车品牌，如雷诺推出的雷诺ZOE、雷诺KangrooZOE、雷诺twizy纯电动汽车，宝马推出的纯电动跑车i3、插电式混合动力跑车i8。中国自主品牌比亚迪、北汽新能源、上汽集团、吉利等知名车企分别推出了比亚迪汉和比亚迪唐、北汽EU5、荣威Ei5、帝豪EV450等新能源车型，造车新势力小鹏、蔚来、理想等也均推出了自己的新能源汽车。

三、动力电池的技术现状与发展趋势

电池技术
状况和趋势

应用在电动汽车上的储能技术主要是电化学储能技术，即铅酸、镍氢、镍镉、锂离子、钠硫等电池储能技术。过去这些储能技术分别在比能量、比功率、充电技术、使用寿命、安全性和成本等方面存在严重不足，制约了电动汽车的发展。近年来，电动汽车电池技术的研发受到了各国能源、交通、电力等部门的重视，电池的多种性能得到了提高，如锂离子电池技术在安全性方面取得了突破性进展，推动了电动汽车的大规模商业化。

1. 技术现状

纵观电动车的整个发展过程，出现过多种不同类型的汽车和电池，其中产生巨大影响并商业化使用到现在的电动汽车电池主要有铅酸电池、镍氢电池和锂离子电池。铅酸电池由于较低能量密度（50 Wh/kg）、循环寿命（500次）以及铅污染而逐渐被替代，目前主要应用于电动自行车、起动电池等领域。镍氢电池由于较高功率密度在日韩HEV混合动力汽车领域有广泛应用，但其能量密度（80 Wh/kg）和循环寿命（1 000次）仍不能满足纯电动汽车应用需求。

锂离子电池由于其优异的能量密度（150~300 Wh/kg）、功率密度（2 000~3 000 W/kg）、循环寿命（≥2 000次）等性能，目前已成为纯电动汽车、插电混合动力汽车主流动力电池，按材料体系有三元锂电池（镍钴锰酸锂、镍钴铝酸锂）、磷酸铁锂电池、锰酸锂电池、钛酸锂电池等类型，其中三元锂电池和磷酸铁锂电池市场占有率达到95%以上。伴随能量密度的提升和企业对降低成本的需求，磷酸铁锂电池产量在 2021 年 5 月实现了对三元电池的反超。

近年来，随着国家对新能源产业的扶持，推动了我国动力电池迅速发展。统计数据显示，2020 年国内新能源汽车销量为 136.7 万辆，新能源汽车企业销量排名前三名分别为比亚迪汽车（销量 18.32 万辆）、特斯拉（中国）（销量 13.75 万辆）、上汽集团乘用车（销量 7.68 万辆）。随着新能源汽车行业的发展，对动力锂电池的需求量也在不断扩张。根据公开统计数据显示，2013—2020 年，我国动力锂电池总装机量依次为 1.5 GW·h、5.9 GW·h、17.0 GW·h、28.1 GW·h、36.2 GW·h、56.4 GW·h、62.2 GW·h、63.6 GW·h，动力电池已经由快速发展进入稳定增长阶段。

2. 发展趋势

铅酸电池、镍氢电池由于各自性能缺陷，未来在电动汽车领域的应用将进一步减少。锂离子电池随着材料、工艺、结构及产业化不断发展，在能量密度、功率密度、安全性、可靠性、循环寿命、成本等方面取得突破性进展，是目前电动汽车动力电池主流技术路线。目前，新型动力电池在研方向主要包括钠离子电池、固态锂电池、氢燃料电池、锂硫电池等。

钠离子电池，其工作原理基本和锂离子电池相同，能量密度略低，而钠离子资源更加丰富、成本更具优势，未来几年钠离子电池及其原材料有望实现规模化生产应用。固态锂电池，锂离子电池液态电解液向固态电解质发展，达到更高的能量密度和安全性，需突破功率密度、循环寿命、工作温度适应性等技术"瓶颈"。氢燃料电池，氢气在催化剂作用下与空气氧化还原反应释放电能，达到快速加氢、无污染排放等效果，需突破能量密度、功率密度、工作温度适应性、催化剂成本、制氢/加氢站配套等"瓶颈"。锂硫电池，其能量密度可达到目前锂离子电池的两倍以上，其化学稳定性及循环寿命有待技术突破。

在电池技术发展预测方面，中国汽车工程学会 2020 年发布的《节能与新能源汽车技术路线图 2.0》提出纯电动汽车动力电池的比能量目标是 2025 年 350 Wh/kg，2030 年 400 Wh/kg、2035 年 500 Wh/kg。事实上，电动汽车用动力电池能量密度如果在近年出现质的飞跃，那么电动汽车续驶里程将不再是困扰电动汽车发展的"瓶颈"，纯电动汽车续航里程可达到600 km，未来几年 1 000 km 车型也有望推广应用。

四、主要动力电池企业概况

动力电池
产业概况

全球动力电池市场基本被中、日、韩三国瓜分。知名的动力电池企业有宁德时代、松下电器、比亚迪、LG 化学、国轩高科、三星 SDI、力神电池、孚能科技、比克电池、亿纬锂能、北京国能、中航锂电等。2013—2020 年，中国及全球动力电池装机量均呈快速增长到稳定发展趋势，中国装机量占比一直占据全球装机量榜首，远远超过日韩系企业，这当中得益于国家补贴政策的强力刺激，以及对动力电池目录的精准保护，当然也离不开中国动力电池企业的迅速扩张，包括在新能源大环境下，迎合全球车企对动力电池的巨大需求，如表 1-1 所示。

全球动力电池
十强企业排位
动态演变

表 1-1 动力电池装机量

年份	2013 年	2014 年	2015 年	2016 年	2017 年	2018 年	2019 年	2020 年
中国动力电池装机量/（GW·h）	1.5	5.9	17.0	28.1	36.2	56.4	62.2	63.6
全球动力电池装机量/（GW·h）	3.3	7.9	24.3	48.5	69.0	97.0	116.6	137.0
中国装机量占比/%	45.5	74.7	70.0	57.9	52.5	58.1	53.3	46.4

而对于未来，中国动力电池企业也进行了一系列动作，如宁德时代向上游原材料锂资源、三元材料等布局版图，构成完整产业闭环，还有向下游绑定车企，共同致力电动汽车领域的技术合作；比亚迪在原有新能源汽车和锂电池板块基础上，逐渐将触角伸向了锂产业上游的碳酸锂领域，并已将其旗下电池业务分拆为一家独立公司弗迪电池，计划在 2022 年年底前上市。

市场占有情况，2020 年，国内排名前两名的动力电池生产企业宁德时代（装机量 31.79 GW·h，占比 50%）和比亚迪（装机量 9.48 GW·h，占比 14.9%）市场占有率达 64.9%，相比 2017 年，同期提升 20.9%，同时在研发实力、产品性能、产能规划等方面均领先于国内其他企业。与国际巨头松下、LG、三星 SDI 进行对比，宁德时代、中航锂电和比亚迪等国内领先企业在核心技术、研发实力、制造工艺、客户资源和供应体系等方面差距不断缩小，部分领域已超越日韩龙头。

表 1-2 列举了部分主流动力电池企业在核心技术、研发实力、工艺制造、客户资源和供应体系上的对比。

表 1-2 部分主流动力电池企业对比

对比项目		宁德时代	比亚迪	松下	LG	三星 SDI
核心技术		快充技术独具特色，安全性媲美日、韩	电动汽车三电技术成熟，自主刀片电池技术	NCA + 硅碳技术全球领先	四大主材领域具有核心技术储备	方形电池针刺安全保护装置，过充保护装置
研发实力	2017 年电池研发投入/亿元	16	5.2	20	35	27
	研发人员数量/人	3 700	2 969	5 400	4 800	2 215
	研发模式	校企合作，全球智库，完整动力电池研发体系	产业链上下游垂直整合模式，具备动力电池完整的研发体系	研发智能化、数字化，缩短材料开发周期	布局上有材料研发，保证技术先进，降低成本	协同性的研发结构
	2018 年专利数量/项	1 900	1 874	5 361	8 134	8 792

对比项目	宁德时代	比亚迪	松下	LG	三星 SDI
工艺制造	制造智能化，人机互动性强	智能制造，全自动化生产，先进全面的自研设备	可视化制造，全过程保证质量	采用叠片工艺，优化 PACK 热管理	100% 自动化生产，质量管控严格
客户资源	国内首家国际化配套企业，深度绑定国内龙头	主要配套其自身车型	深度绑定特斯拉，同时寻求更多合作	客户遍布全球，客户资源优质	深度绑定BMW，客户偏向高端
供应体系	国产化率高，培育本土供应体系，具有成本优势	部分自有，主要为国内供应体系	供应体系封闭，但技术先进	深度绑定锂钴资源，正极自产为主、外部为辅	供应体系开放，国际化采购

其中，比亚迪成立于 1995 年，总部位于广东省深圳市，业务横跨汽车、轨道交通、新能源和电子四大产业，在深、港两地上市。比亚迪动力电池的研发始于 2002 年，累计配套新能源汽车超过 100 万辆。2020 年，弗迪电池具有独特"7S"技术的全新产品刀片电池超级包（图 1-7）问世，引领新能源汽车发展。"7S"是比亚迪动力电池针对刀片电池超级包提出的 7 大超级性能的统称，包括超级安全、超级成本、超级寿命、超级功率、超级续航、超级强度和超级低温。

图 1-7　比亚迪刀片电池超级包

比亚迪动力电池从 2017 年宣布对外开放至今已跟市场上大多数主机厂有过深入技术交流。随着技术的成熟与推广，比亚迪动力电池刀片电池逐渐建立了 LFP 长刀、短刀、方刀、软刀等产品线，同时兼顾 NCM 电池产品的开发，并制定了公司的产品应用策略，如图 1-8 所示。基于电芯的产品线，同时也建立了电池包的乘用车和商用车两大产品线。

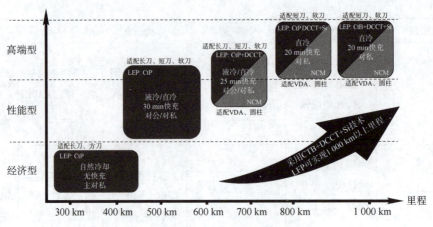

图 1-8　产品应用策略

任务实施

我们在上一阶段了解了电池以及电动汽车的发展历程，学习了电池技术的现状。请结合课程内容并搜集资料，完成以下情景任务：

1. 你是某动力电池企业负责公共关系的专员，接到一个接待中学生访问的任务，请准备一个介绍电池技术发展的讲解 PPT。

2. 你是比亚迪电池部门某研发工程师，给来车企参观的客户介绍比亚迪电池的发展的历程（图 1-9），请准备 500 字左右的讲稿。

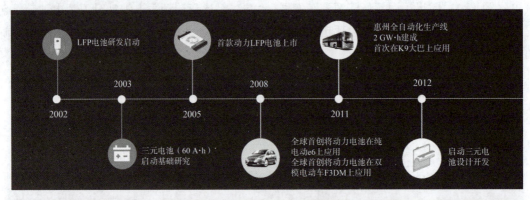

图 1-9　比亚迪电池发展简图

评价与考核

一、任务评价

任务评价见表1-3。

表1-3 任务评价

考核项目	评分标准	学生自评	小组互评	教师评价	小计
电池技术	电池技术介绍全面和准确				
	PPT版式设计及内容生动				
比亚迪电池	比亚迪电池发展的主要阶段特点				
	讲稿的生动性及感染力				

二、任务考核

1. 分析石油发展和电动汽车发展之间的关系？
2. 目前，商业化的电动汽车用动力电池有哪些？各自具有什么特点？
3. 对比两家动力电池企业及其产品。

拓展提升

查找阅读资料，思考电池技术进步与电动汽车发展之间的关系。

任务1-2　知晓电池的原理分类

任务引言

某新能源汽车生产企业接待来参观生产车间的中学生，讲解员 B 先生讲解某车型使用的电池时提到，动力电池采用了磷酸铁锂电池，起动电源采用了铅酸电池。学生小 S 很奇怪，为什么同样一款车，使用了不同的电池，这两款电池有什么区别呢？

学习目标

1. 知道电池的分类标准；
2. 能够判断常见电池的类别归属；
3. 了解化学电池的基本工作原理。

知识储备

一、电池常见类型

电池从广义上主要分为物理电池、化学电池和生物电池三大类。生物电池包括微生物电池、酶电池等；物理电池包括飞轮储能装置、超级电容器、太阳能电池等；化学电池包括铅酸蓄电池、镍氢蓄电池、锂离子电池、燃料电池等。其中，化学电池和物理电池已经应用于量产的新能源汽车中，化学蓄电池因其自身发展和使用特点应用最为广泛。下面介绍化学电池的分类。

电池分类与电池系统组成

根据材料特性和工作特点，电池有三种常用分类方法。

1. 按电解液种类

按电解液种类，可将化学电池分为以下几类：

（1）碱性电池。碱性电池的电解质主要以氢氧化钾水溶液为主，如碱性锌锰电池（又称"碱锰电池或碱性电池"）、镉镍电池、镍氢电池等。

（2）酸性电池。酸性电池主要以硫酸水溶液为介质，如铅酸蓄电池等。

（3）中性电池。中性电池以盐溶液为介质，如锌锰干电池、海水电池等。

（4）有机电解液电池。有机电解液电池主要以有机溶液为介质，如锂离子电池等。

2. 按工作性质和储存方式

按工作性质和储存方式，可将化学电池分为以下几类：

（1）一次电池。一次电池又称原电池，即不可以充电再次使用的电池，如锌锰电池、锂原电池等。

（2）二次电池。二次电池即可充电电池，如铅酸电池、镍氢电池、锂离子电池等。

（3）燃料电池。在燃料电池中，活性材料在电池工作时才连续不断从外部加入电池，如氢氧燃料电池、金属燃料电池等。

（4）储备电池。储备电池储存时电极板不直接接触电解液。直到电池使用时，才加入电解液，如镁–氯化银电池（海水激活电池）。

3. 按所用正负极材料

（1）锌系列电池，如锌锰电池、锌银电池等。

（2）镍系列电池，如镍镉电池、镍氢电池等。

（3）铅系列电池，如铅酸电池。

（4）锂系列电池，如锂离子电池、锂聚合物电池和锂硫电池。

（5）二氧化锰系列电池，如锌锰电池、碱锰电池等。

（6）空气（氧气）系列电池，如锌空气电池、铅空气电池等。

二、蓄电池工作原理

了解了电池系统的组成后，为理解电池怎样把化学能转化为电能，以经典的丹尼尔电池单体化学反应为例进行介绍。将 Zn 置于 $ZnSO_4$ 溶液中，将 Cu 置于 $CuSO_4$ 溶液中，并用盐桥或离子膜等方法将两电解质溶液连接，如图 1-10 所示。

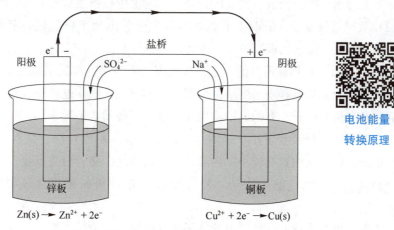

电池能量
转换原理

图 1-10　丹尼尔电池单体反应示意图

$$Zn+Cu^{2+} \rightarrow Cu+Zn^{2+} \tag{1-1}$$

在式（1-1）所示的化学反应中，Cu^{2+} 和 Zn^{2+} 在 25 ℃的标准自由能 ΔG 是 -212 kJ/mol。根据热力学知识，化学反应总是沿着自发的方向进行，所以如果把锌加入 Cu^{2+} 溶液中，铜就会沉淀出来。该化学反应就是从含锌的矿石中取出铜的常用方法。在金属冶炼应用中，化学反应包含的化学能是不可利用的，能量以热能的形式被消耗掉。

式（1-1）可以分解为两个电化学反应步骤：

$$Cu^{2+}+2e^- \rightarrow Cu \tag{1-2}$$

$$Zn \rightarrow Zn^{2+}+2e^- \tag{1-3}$$

在式（1-1）所示的从电解液中提取铜的化学反应过程中，两个反应式在锌表面同时发生，然而，如果铜和锌处于两个独立的两个元件中，那么反应式（1-2）和反应式（1-3）就必须在两个不同的位置（电极）发生。而且，只有在有电流连接两个电极的情况下反应才能继续进行。在这种情况下，电子的流动是可以利用的。这就是著名的丹尼尔电池单体反应，如图 1-10 所示，该反应可以通过控制正、负极的连接状态实现有效控制，使化学能按需转化为有用的电能。

丹尼尔电池
反应原理

蓄电池是一种把化学反应所释放的能量直接地转变成直流电能的装置。要实现化学能转变成电能的过程，必须满足以下条件：

（1）必须把化学反应中失去电子的氧化过程（在负极进行）和得到电子的还原过程（在正级进行）分别在两个区域进行，这与一般的氧化还原反应存在区别。

（2）两电极必须是有离子导电性的物质。

原电池工作原理
演示实验

（3）化学变化过程中电子的传递必须经过外电路。

为满足构成电池的条件，电池需要包含以下基本组成部分：

（1）正极活性物质。它具有较高的电极电位，电池工作即放电时进行还原反应或阴极过程。为了与电解槽的阳极、阴极区分开，在电池中称作正极。

（2）负极活性物质。它具有较低的电极电位，电池工作时进行氧化反应或阳极过程。为了与电解槽的阳极、阴极区分开，在电池中称作负极。

（3）电解质。它具有很高的、选择性的离子电导率，提供电池内部的离子导电的介质。大多数电解质为无机电解质水溶液，少部分电解质也有固体电解质、熔融盐电解质、非水溶液电解质和有机电解质。有的电解质也参与电极反应而被消耗。

（4）隔膜。其既要保证正负极活性物质不直接接触而短路，又要保证正负极之间尽可能小的距离，以使电池具有较小的内阻，在正负极之间必须设置隔膜。

（5）外壳。作为电池的容器，外壳要有一定的机械强度，还要能够经受电解质的腐蚀。

除了以上主要组成部分外，电池还需要导电栅、汇流体、端子、安全阀等零件。电池本身可以做成各种形状和结构，如圆柱形、扣式、方形等，如图 1-11 所示。

图 1-11　不同形状的电池

电池工作过程一般指电池的放电过程。电池放电时在阳极上进行氧化反应，向外提供电子，在阴极上进行还原反应，从外电路接受电子，电流经外电路从正极流向负极。但并不是所有的电池都是按氧化还原反应进行，有的电池是以"嵌入-脱嵌"的方式进行的。电解质是离子导体，离子在电池内部的阴阳极之间定向移动而导电，正离子（阳离子）流向阴极，负离子（阴离子）流向阳极。在阳极的导体界面发生氧化反应，在阴极的导体界面上发生还原反应。此类电池的原理将在锂电池部分介绍。

🎯 任务实施

我们在上一阶段知晓了电池的常见类型和分类方法，学习了化学电池的基本工作原理。请结合课程内容并搜集资料，完成以下情景任务：

1. 你是某动力电池企业负责公共关系的专员，接待的中学生访问团中有人提出"电动汽车使用的动力电池和起动电池有何区别"这一问题，请从电池分类的角度给予解答。

2. 同样情景，有同学提出"起动电池如何完成储存能量和释放能量这一过程?"请给予简要回答。

评价与考核

一、任务评价

任务评价见表1-4。

表1-4 任务评价

考核项目	评分标准	学生自评	小组互评	教师评价	小计
电池分类	电池常见类型和分类标准介绍				
	动力电池和起动电池特点				
电池原理	答案内容准确与否				
	生动形象及接受度				

二、任务考核

1. 具体举例说明化学电池和生物电池。
2. 叙述锌铜原电池外接电路电流产生的过程。
3. 目前，商业化电动汽车用动力电池有哪些？

拓展提升

查阅资料，准备相应材料，完成水果电池（如橙子）的试验，并记录数据。

任务 1-3　理解动力电池的系统组成

任务引言

某新能源汽车生产企业接待来参观生产车间的中学生，讲解员 B 先生讲解某车型使用的电池时提到，动力电池采用了"刀片电池"技术。学生小 S 很奇怪，"什么是刀片电池？刀片电池有锋利的刀刃吗？"

学习目标

1. 理解并掌握电池的常用术语含义；
2. 初步认知动力电池的主要部件结构。

电池电芯–模组–
系统组成

知识储备

一、动力电池常用术语

在介绍电池构成前，为避免相关概念的混淆，首先按照《电动汽车术语》（GB/T 19596—2017）的界定对几个常见概念进行介绍。

（1）电池单体（Secondary Cell）：将化学能与电能进行相互转换的基本单元装置，通常包括电极、隔膜、电解质、外壳和端子，并被设计成可充电。

（2）电池模块（Battery Module）：将一个以上电池单体按照串联、并联或串并联方式组合，并作为电源使用的组合体，也称作电池模组。

（3）电池包（Battery Pack）：具有从外部获得电能并可对外输出电能的单元，也称作电池组，通常包括电池单体、电池管理模块（不含 BCU）、电池箱及相应附件（如冷却部件、连接线缆等）。

（4）电池系统（Battery System）：一个或一个以上的电池包及相应附件（管理系统、高压电路、低压电路及机械总成等）构成的能量存储装置。

如图 1-12 所示，为电池单体、模块和电池系统示意图。

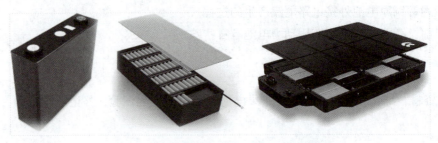

图 1-12　电池单体、模块和电池系统示意图

（5）电池信息采集器（Battery Information Collector）：采集或者同时监测电池包电和热数据的电子装置。其可以包括单体控制器和用于电池单体均衡的电子部件，单体间的均衡可以由电池电子部件控制或者通过电池控制单元控制。

（6）电池控制单元（Battery Control Unit）：控制、管理、检测或计算系统的电和热相关的参数，并提供电池系统和其他车辆控制器通信的电子装置。

以上概念主要针对电动汽车用锂离子电池和镍氢电池等可充电储能装置，其他类型动力电池可参照使用。

需要指出的是，从宏观上看，新能源汽车电池系统的组成包括电池模组、管理系统、辅助元件和箱体等。从层级组成划分上看，动力电池系统一般是"电芯–模组–电池包"三级装配模式，而某些车型的电池系统去掉了模组及模组结构件，电池单体成了结构件的一部分，既是供电部件，又是电池包的梁，如比亚迪"刀片电池"，这不仅提升了电池包的成组效率，还降低了零部件成本（图 1-13）。

电池系统
宏观构成

图1-13　刀片电池系统与传统电池系统对比

二、电池成组方式

单体电池的电压和容量等参数不满足电动汽车行驶要求时，需要将电池串联组合或并联组合以获得更高的工作电压或容量，单体电池串联或并联形成电池模块。

电池组构成的方式有串联、并联和同时采用串联和并联的混联三种方式。电池的串联和并联成组方式如图1-14所示。不同联结方式对电池组的安全性、可靠性、一致性、寿命等有不同的影响，对电池管理系统的功能也有不同程度的影响。

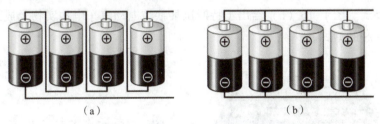

（a）　　　　　　　　　　　　　（b）

图1-14　电池的串联和并联成组方式

（a）串联；（b）并联

串联电池模块要求每个蓄电池的容量相同，总容量等于一个电池的容量，串联电池组可以提供更高的电压。并联电池模块要求每个电池电压相同，输出电池等于一个电池的电压，并联电池组能提供更强的电流。

将多个单体电池串联使用的电池组称为串联电池组（图1-14（a））。单体电池的串联方式通常用于满足高电压的工作需求，串联电池组总电压为单节电池电压之和，n个单体电池串联便能达到n倍单体电池电压。把一节电池的负极和下一节蓄电池的正极相连，依次连成一串，就组成了串联电池组，第一节电池的正极就是电池组的正极，最后一节蓄电池的负极是电池组的负极。

将多个蓄电池并联起来使用的电池组称为并联电池组（图1-14（b））。单体电池的并联方式通常用于满足大电流的工作需要。电池组的容量为单体电池的总和，n个单体电池并联的电池组为n倍单体电池容量。把所有单体电池的正极连接在一起，称为电池组的正极，把所有单体电池的负极连接在一起，称为电池组的负极，就组成了并联电池组。

混联单体电池就是串、并联结合，满足既需要高电压又需要大电流放电的工作条件要求。根据实际需求可以考虑先串联后并联或先并联后串联，混合连接的单体电池容量较小时，对单体初始一致性要求较高，而且单体数量的增加会降低整个电池组的可靠性。如图1-15所示，为某电池混联示意，每三个电池单体串联，再将两组串联后电池的正极接在一起，负极接在一起形成总的正极和负极。

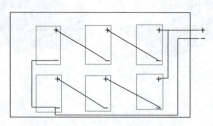

图1-15　某电池混联示意图

由于先并联后串联系统的可靠性高于先串联后并联，因此建议新能源汽车蓄电池优先选用先并联后串联的方式连接。蓄电池连接方式一般用"＊P＊S"来表示，其中＊代表并联或串联的数量，P表示并联，S表示串联。例如，"4P5S"表示4节蓄电池并联成组之后，同样的5组再串联，总的电池组由20个电池单体组成。图1-16所示为电动汽车电池实物及成组示意图。图1-16（a）给出了比亚迪某款纯电动汽车电池实物及成组示意图，其采用的是1P200S的型式。图1-16（b）给出了特斯拉某款纯电动汽车电池实物及成组示意图，其采用的是74P96S的型式。

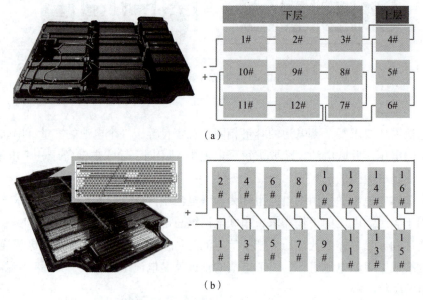

图1-16　典型电动汽车电池实物及成组示意图
（a）比亚迪；（b）特斯拉

在结构上，比亚迪电池包集成采用了CTB（Cell to Body）技术，该技术为比亚迪动力电池开发中心与整车端共同开发的一种新的电池包整车集成技术，如图1-17所示，将电池包密封盖与整车底板合二为一，目的是最大化利用整车留给电池包的空间，在有限体积内放置最多的储能单元，实现搭载 LFP 电池包体的电动车行驶 1 000 km 以上的可能。

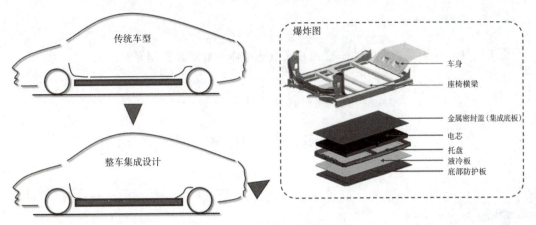

图 1-17   CTB 整车集成技术方案

 **任务实施**

我们在前一阶段学习了电池系统的常用术语和成组方式，了解了电池包组成及电池串并联的特点。请结合课程内容并搜集资料，完成以下情景任务：

1. 你是某动力电池企业负责公共关系的专员，接待的中学生访问团中有人提出"刀片电池和传统电池有什么区别"这一问题，请从电池系统组成的角度给予解答。

2. 同样情景，有同学提出"电池系统是如何提供高电压和耐受大电流的？"请给予简要回答。

评价与考核

一、任务评价

任务评价见表 1-5。

表 1-5   任务评价

考核项目	评分标准	学生自评	小组互评	教师评价	小计
电池系统	传统电池组成特点				
	刀片电池组成特点				
电池组成	并联电池特点				
	串联电池特点				

二、任务考核

1. 电动汽车电池系统是否一定包含电芯、模组、电池包三个部分？

2. 回答电池包标识"3P91S"的具体含义。

3. 比较比亚迪和特斯拉电池系统成组的异同。

 拓展提升

思考问题：是不是动力电池串联和并联电池单体的数量越多越好？

任务1-4　掌握动力电池的性能表征

 任务引言

某新能源汽车生产企业接待来参观生产车间的中学生，讲解员 B 先生讲解某车型使用的电池时提到，动力电池容量为 75 A·h。学生小 S 很奇怪，"这么小容量的电池怎么能驱动车辆续驶那么远呢？"。

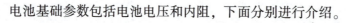 学习目标

1. 理解动力电池常用表征参数的含义；

2. 掌握动力电池常用表征参数的计算方法。

知识储备

一、电池基础参数

电压和内阻

电池基础参数包括电池电压和内阻，下面分别进行介绍。

1. 电压

1）电动势

电动势即电子的运动趋势。电池的电动势是指对应电解液中，正、负极电极平衡电位的差值。电池电动势一定程度上是电池能量输出能力的度量，如果其他条件相同，电池电动势越高，理论上能量输出能力越大。

2）开路电压

电池的开路电压（Open Circuit Voltage）等于电池在开路状态（即没有电流通过两极）时电池的正极电势与负极电势之差，一般用 OCV 表示。电池的开路电压只取决于电池正负极材料的活性、电解质和温度条件，而与电池的几何尺寸无关。例如磷酸铁锂电池，单体无论尺寸大小如何，其开路电压都是接近的。电池的开路电压理论上均小于它的电动势。

3）额定电压

额定电压也称公称电压或标称电压（Nominal Voltage，V_N），指的是在规定条件下电池工

作的标准电压。采用额定电压可以区分电池的化学体系，如铅酸电池单体额定电压~2 V、镍氢电池~1.2 V、磷酸铁锂电池~3.2 V、锰酸锂电池~3.7 V等。

4）工作电压

工作电压（Working Voltage，V_w）是指电池接通负载后在放电过程中显示的电压，又称负荷（载）电压或放电电压。在电池放电初始时刻的（开始有工作电流）电压称为初始电压。电池在接通负载后，由于欧姆内阻和极化内阻的存在，电池的工作电压低于开路电压，当然也必然低于电动势。

5）放电截至电压

放电截止电压（Cut-off Voltage，$V_{cut-off}$）是指电池放电时最低工作电压值。电池的类型不同，对容量和循环寿命的要求不同，由此所规定的放电截止电压也不同。一般而言，在低温或大电流放电时，终止电压规定得低些；小电流长时间或间歇放电时，终止电压值规定得高些。

电池参数-电压

2. 内阻

电流通过电池内部时受到阻力，使电池的工作电压降低，该阻力称为电池内阻（Internal Resistance，R_w）。由于电池内阻的作用，电池放电时端电压低于电动势和开路电压，充电时充电的端电压高于电动势和开路电压。电池内阻是化学电源的一个极为重要的参数，它直接影响电池的工作电压、工作电流、输出能力与功率等。对于一个实用的化学电源，其内阻越小越好，小内阻电池工作时，内部的压降小、损耗低，充放电的能量效率更高。

电池内阻不是常数，它在放电过程中根据活性物质的组成、电解液浓度和电池温度以及放电时间而变化。电池内阻包括欧姆内阻和电极在电化学反应时所表现出的极化内阻（包括电化学极化和浓差极化），两者之和称为电池的全内阻。

日常用的电池内阻较小，其阻值常常忽略不计，但电动汽车用动力电池常常处于大电流、深放电工作状态，内阻引起的压降较大，此时内阻对整个电路的影响不能忽略。

二、电池容量、能量和功率

容量、能量和功率

1. 容量

电池在一定的放电条件下所能放出的电量称为电池容量（Capacity），以符号 C 表示，通常用 A·h 或 mA·h 表示。

1）理论容量

理论容量即假定电极内部活性物质全部参加电化学反应所能提供的电量。理论容量可以根据电化学反应中电极活性物质的用量，按照法拉第定律计算的活性物质的电化学当量精确求出。

2）额定容量

额定容量（Standard Capacity，C_s）即按照相关规定的标准，保证电池在一定的放电条件（如温度、放电率、终止电压）下应该放出的最低限度的容量。

3）实际容量

实际容量（Actual Capacity，C_{Actual}）指在实际应用工况下，电池放出的电量。其大小等于放电电流与放电时间的积分，实际放电容量受放电倍率的影响。实际容量的计算方法如下。

恒电流放电时

$$C = It \tag{1-4}$$

变电流放电时

$$C = \int_{0}^{T} I(t)\,\mathrm{d}t \tag{1-5}$$

式中，I 为放电电流，变电流 $I(t)$ 是放电时间的函数；t 为放电的时间；T 为到某一时刻的放电时间。

由于电池活性物质不可能完全被利用，即活性物质的利用率总是小于1，因此电池的实际容量、额定容量总是低于理论容量。

电池的实际容量与放电电流的大小密切相关。大电流放电时，电极的极化增强，内阻增大，放电电压下降很快，电池的能量效率降低，实际放出的容量较低。相应地，在小电流放电条件下，放电电压下降缓慢，电池实际放出的容量较高。

4）剩余容量

剩余容量是指在一定放电倍率放电后，电池剩余的可用容量。剩余容量的估计和计算受到电池前期使用的放电倍率、放电时间以及电池老化程度、使用环境等因素影响。

电池参数–容量

2. 能量与能量密度

电池的能量是指电池在一定的温度和电压区间内，按一定的放电工步，所能释放出的能量，通常用 W·h 或 kW·h 表示。

1）能量

电池的能量（Energy）是指电池放电时输出的能量。它在数值上等于电池端电压 $V(t)$、放电电流 $I(t)$ 与放电时间 t 的积分，即

$$E = \int V(t) I(t)\,\mathrm{d}t \tag{1-6}$$

在实际工程应用中，实际能量也常采用电池组实际容量 C 与电池放电平均电压的乘积进行电池实际能量的计算。

$$W = C\bar{V} \tag{1-7}$$

2）能量密度

电池的能量密度是指单位质量或单位体积的电池所能输出的能量，相应地称为质量能量密度（Gravimetric Energy Density，GED）或体积能量密度（Volumetric Energy Density，GED），也称质量比能量或体积比能量，对应的单位为 Wh/kg 和 Wh/L。在电动汽车应用方面，电池质量能量密度影响电动汽车的整车质量和续驶里程，而体积能量密度影响到电池的布置空间。因而，能量密度是评价动力电池性能的重要指标。同时，能量密度也是比较不同种类电池性能的一项重要指标。

电池参数–
能量密度

动力电池在电动汽车的应用过程中，由于单电芯容量的不一致性以及电芯组安装需要增加相应的电池箱、连接线、电流电压保护装置等元器件，因此实际的电池组比能量小于单电芯的比能量。电池比能量与电池组比能量之间的差距越小，电芯的一致性和成组设计水平越

高，电池组的集成度越高。因此，电池组的比能量常常成为电池组性能的重要衡量指标。

3. 功率与功率密度

1）功率

电池的功率（Power）是指电池在一定的放电条件下，单位时间内电池输出的能量，单位为瓦（W）或千瓦（kW）。理论上，电池的功率可以表示为

电池参数-
功率密度

$$P = I(t)V(t) \tag{1-8}$$

式中，$I(t)$ 为放电电流；$V(t)$ 为电池端电压。

此时，电池的实际功率应当为

$$P = I(t)V(t) = I(t)(OCV - I(t)R_w) = I(t)OCV - I^2(t)R_w \tag{1-9}$$

式中，$I^2(t)R_w$ 是消耗于电池内阻上的功率，这部分功率对负载是无用的。

2）功率密度

单位质量或单位体积电池输出的功率称为功率密度，又称比功率，单位为 W/kg 或 W/L。比功率的大小表征电池所能承受的工作电流大小；电池功率密度大，表示它可以承受大电流放电。比功率是评价电池及电池组是否满足电动汽车加速和爬坡能力的重要指标。

功率和功率密度与蓄电池的荷电状态（SOC）、温度、持续时间密切相关。因此，在表示蓄电池功率和功率密度时还应指出蓄电池的当前状态。

荷电状态与
健康状态

三、电池状态表征参数

1. 荷电状态

电池荷电状态（State of Charge，SOC）描述了电池的剩余电量，是电池使用过程中的最重要参数之一，此参数与电池的充放电历史和充放电电流大小有关。

荷电状态值是个相对量，一般用百分比的方式来表示，SOC 的取值为：$0 \leqslant SOC \leqslant 100\%$。目前，较统一的是从电量角度定义 SOC，如美国先进电池联合会（USABC）在其《电动汽车电池实验手册》中定义 SOC 为：电池在一定放电倍率下，实际可用电量与相同条件下总额定容量的比值。

$$SOC = \frac{C_{Actual}}{C_s} \tag{1-10}$$

式中，C_{Actual} 为电池剩余的按额定电流放电的可用容量；C_s 为总额定容量。

动力电池的充放电过程是个复杂的电化学变化过程。电池剩余电量受到动力电池的基本特征参数（端电压、工作电流、温度、容量、内部压强、内阻和充放电循环次数）和动力电池使用特性因素等的影响。这使得电池组荷电状态 SOC 的测定很困难，关于 SOC 的估计方法将在后续进行介绍。

电池参数-SOC

2. 放电深度

放电深度（Depth of Discharge，DOD）是放电容量与额定容量之比的百分数，与 SOC 之

间存在如下数学计算关系：

$$DOD = 1 - SOC \qquad (1-11)$$

放电深度高低对于二次电池的使用寿命有一定的影响。一般情况下，二次电池常用的放电深度越深，其使用寿命相对越短。

3. 健康状态

电池参数–SOH

电池健康状态（State of Health，SOH）描述了电池的健康度和性能状态，是电池的一个重要参数。SOH 标准定义是一定条件下动力电池从充满状态以一定倍率放电至截止电压所放出的容量与其所对应的标称容量（实际初始容量）的比值，此参数与电池的充放电历史和充放电电流大小有关。简单来说，也就是电池使用一段时间后某些直接可测或间接计算得到的性能参数的实际值与标称值的比值，用来判断电池健康状况下降后的状态，衡量电池的健康程度，其实际表现在电池内部某些参数（如内阻、容量等）的变化上。

从电池容量的角度可以定义 SOH：

$$SOH = C_m/C_n \qquad (1-12)$$

式中，C_m 为电池当前测量容量；C_n 为电池标称容量。电池 SOH 的估算方法比较复杂，有完全放电法、内阻法、电化学阻抗法等。

四、电池其他参数

1. 放电制度

放电制度与
自放电率

放电制度就是电池放电时所规定的各种条件，主要包括放电速率（电流）、截止电压和温度。

1）放电电流

放电电流是指电池放电时的电流大小。放电电流的大小直接影响到电池的各项性能指标。因此，介绍电池的容量或能量时，必须说明放电电流的大小，指出放电的条件。放电电流通常用放电率表示，放电率是指电池放电时的速率，有时率和倍率两种表示形式。

时率是以放电时间表示的放电速率，即以一定的放电电流放完额定容量所需的时间，通常用 C_s/I 来计算，式中，C_s 为额定容量，I 为放电电流。倍率实际上是指电池在规定的时间内放出其额定容量所对应的电流值，除以额定容量。它在数值上等于额定容量的倍数。例如，3 倍率（3C）放电，其表示放电电流的数值是额定容量数值的 3 倍，若电池的容量为 15 A·h，那么放电电流应为 3×15＝45（A）。

习惯上称 C/3 以下为低倍率，C/3~3C 为中倍率，3C 以上则为高倍率。图 1-18 所示为比亚迪刀片电池在不同倍率下的放电曲线。

2）放电截止电压

截止电压与电池的电化学体系直接相关，并受到电池结构、放电倍率、环境温度等因素影响。一般来说，由于低温大电流放电时，电极的极化大，活性物质不能充分利用，电池的电压下降较快。因此，在低温或大电流（高倍率）放电时，截止电压可以规定的低一些。

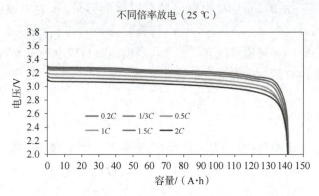

图 1-18 比亚迪刀片电池在不同倍率下的放电曲线

小电流放电时，电池的极化小，活性物质能够得到充分利用，截止电压可规定的高一些。

3）放电温度

电池放电容量与温度有关，电池额定容量的基准温度一般为 25 ℃。电池容量和周围的温度有密切的联系，也就是存在大致呈反函数的关系（实际情况较为复杂）。我们看到电池上表明的容量是按照标准温度（气温）摄氏 25 ℃计算的。

当使用环境温度不同时，电池的放电容量（电池内部活性物质的化学反应效率）会有所不同。一般而言，在 40 ℃以下温度范围内，温度越低，电池的容量也越小；在大于 40 ℃的温度范围内，蓄电池的放电容量会有一个峰值，温度高于该峰值时电池的放电容量同样趋于降低。锂电池包工作温度为 -30~60 ℃，不过一般低于 0 ℃后，锂离子在电解液和电极内部的扩散速度降低，电池包性能就会下降，放电能力就会相应降低，所以锂电池包性能完全的工作温度，常见的是 0~40 ℃。

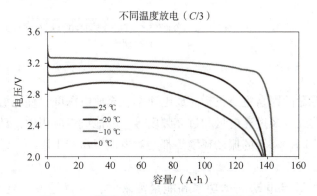

图 1-19 比亚迪刀片电池不同温度下放电曲线

2. 自放电率

自放电率是电池在存放时间内，在没有负荷的条件下自身放电，使得电池的容量损失的速度，自放电率采用单位时间（月或年）内电池容量下降的百分数来表示。

$$自放电率 = \frac{Ah_a - Ah_b}{Ah_a \cdot t} \times 100\% \qquad (1-13)$$

式中，Ah_a 为电池储存时的容量；Ah_b 为电池储存以后的容量；t 为电池储存的时间（天或月）。

自放电率通常与时间和环境温度有关，环境温度越高自放电现象越明显，所以电池久置时要定期补电，并在适宜的温度和湿度下储存。

3. 循环寿命

1）使用周期

循环寿命是评价蓄电池使用技术经济性的重要参数。电池经历一次充电和放电，称为一次循环，或者一个周期。在一定放电制度下，二次电池的容量降至某一规定值之前，电池所能耐受的循环次数，称为蓄电池的循环寿命或使用周期。例如，铅酸电池寿命为 300~500 次，要低于锂离子电池的寿命（一般高于 1 000 次）。动力电池单体在充放电循环使用过程中，性能逐渐退化。其退化程度随着充放电循环次数的增加而加剧，其退化速度与动力电池单体充放电的工作状态和环境有着直接的关系。图 1-20 所示为比亚迪磷酸铁锂（LFP）刀片电池在 25 ℃、1C、100%DOD 条件下的循环曲线与三元 NCM811 电池的对比，可以看出刀片电池循环 1 000 圈后的容量保持率大于 90%。

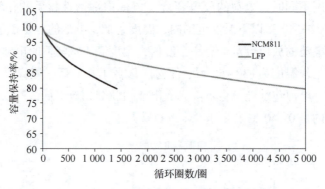

图 1-20　比亚迪 LFP 刀片电池循环曲线与三元电池对比

影响动力电池寿命的因素主要包括充放电速率、充放电深度、环境温度、存储条件、电池维护过程、电流波纹以及过充电量和过充频度等。电池成组应用中，动力电池单体不一致性、单体所处温区不同、车辆的振动环境等都会对电池寿命产生影响。

2）梯次利用

当动力电池不能满足电动汽车功率和能量需求的，也就是说达到动力电池寿命条件（一般为 SOH＝80%）时，继续将其转移应用到对能量密度、功率密度要求低一个等级的其他领域，达到充分发挥其剩余价值的目的。这就是电池的梯次利用，简单讲，就是通过电池在不同性能要求领域的传递使用，达到充分利用电池性能，实现动力电池在动态应用中报废，以降低电池使用成本的目标。在节省资源和成本的同时，动力电池梯次利用也有利于减小正极材料中的重金属对环境、水等造成污染。

4. 成本

电池的成本与电池的技术含量、材料、制作方法和生产规模有关。目前，新开发的高比能量、比功率的电池，如锂离子电池成本较高，使得电动汽车的造价也较高。开发和研制高效、低成本的电池是电动汽车发展的关键。电池的成本分为制造成本、使用维护成本、废电池处理成本等方面。显然，相同制造成本的电池使用寿命越长，其平均使用成本自然就越低。

电池成本一般以电池单位容量或能量的成本进行表示，单位为元／（A·h）或元／（W·h），以方便对不同厂家、不同型号电池进行对比。《节能与新能源汽车技术路线图2.0》对普及型蓄电池成本估计为2025年小于0.35元／（W·h），2035年小于0.30元／（W·h）。通常为人们所诟病的电动汽车续航里程不够长的重要原因也和电池成本有关，因此，消费者在考虑增加续航的时候不得不面对的就是电池成本的增加。不过从使用成本来看，电能消耗的成本比燃油消耗成本还是具有明显优势。

5. 不一致性

电池的不一致性是电池组的重要参数指标，是指同一规格、同一型号电池在电压、内阻、容量、充电接受能力、循环寿命等参数方面存在的差别。电池的不一致性一般用电压差、容量差、内阻差、温度差的统计规律进行表示。

在现有电池技术水平下，电动汽车必须使用多块电池构成电池组，甚至电池组构成电池系统来满足使用要求。由于不一致性影响，电池包能量密度往往达不到单体原有水平，影响电动汽车整车性能。

根据使用中电池组的不一致性扩大的原因和对电池组性能的影响方式，可以把电池的不一致性分为容量不一致性、电压不一致性、内阻不一致性和温度不一致性。

任务实施

我们在前一阶段学习了电池系统的常用术语和成组方式，了解了电池包组成及电池串并联的特点。请结合课程内容并搜集资料，完成以下情景任务：

你是某动力电池企业负责公共关系的专员，接待的中学生访问团中有人提出问题"为什么75 A·h容量的电池可以驱动汽车续航数百公里，而60 A·h的起动电源并不能作为动力电池？"请从电池能量和容量的区别角度给予解答。

评价与考核

一、任务评价

任务评价见表1-6。

表1-6 任务评价

考核项目	评分标准	学生自评	小组互评	教师评价	小计
电池对比	75 A·h动力电池能量分析				
	60 A·h电池能量分析				

二、任务考核

1. 绘制电池性能表征参数的思维导图。
2. 电池荷电状态和健康状态分别是什么？有何区别和联系？
3. 电动汽车的续航里程取决于电池的什么参数？加速性能如何呢？

 拓展提升

查找资料，思考在手机领域里有"充电五分钟，通话两小时"的广告语，那么电动汽车能否做到"充电五分钟，续航 1 000 千米"？请从能量和功率两个角度给予分析回答。

项目二　动力电池评价测试

　　动力电池作为新能源汽车的核心部件，需要满足特定的性能要求和评价指标。动力电池测试是电池研制、出厂检验、产品评估的必要手段，从保证电动汽车性能和安全角度出发，也需要对动力电池（单体、模组、系统）测试制定测试规程和检验标准。

　　本项目将介绍动力电池驱动评价的参数指标、动力电池测试的设备，以及测试项目、测试标准和规范。通过本项目学习，读者将了解动力电池驱动评价和测试的知识，为接下来典型电池特性学习项目打下基础。本章知识点树图如图2-1所示。

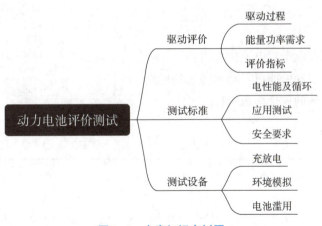

图 2-1　本章知识点树图

社会能力

1. 树立电池消防安全和触电防护的意识；
2. 具有较强的分析问题并撰写分析报告（报表）的能力；
3. 强化汇报沟通的能力；
4. 小组协同学习能力。

 方法能力

1. 通过查询资料完成学习任务，提高资源搜集的能力；
2. 通过完成电池测试，提高开展电池测试和性能判断的能力；
3. 通过完成学习任务，提高解决实际问题的能力。

任务 2-1　了解动力电池驱动评价

任务引言

小 D 来到 4S 店，想选购一台新能源汽车，面对各型号的车型，陷入了"选择困难症"。你作为销售顾问，如何了解顾客的具体需求，并推荐合适的车型。

学习目标

1. 理解电动汽车驱动对电池的要求；
2. 了解纯电和混动的能量及功率需求的区别；
3. 掌握动力电池的评价参数指标。

知识储备

电动车辆驱动分析

一、电动汽车的驱动

电动汽车由动力电池组输出电能给驱动电机，驱动电机输出功率，用于克服电动汽车本身的机械装置的内阻力及由行驶条件决定的外阻力消耗的功率，实现能量的转换和车辆驱动。如图 2-2 所示，为驱动力示意图。

电动汽车的驱动电机输出轴输出转矩，经过减速齿轮传动，传到驱动轴上的转矩，使驱动力与地面之间产生相互作用，车轮与地面间作用一圆周力 F_0，同时，地面对驱动轮产生反作用力 F_t。F_t 和 F_0 大小相等反向相反，F_t 与驱动轮的前进方向一致，是推动汽车前进的

图 2-2　驱动力示意图

外力，即电动汽车的驱动力。

电动汽车机械传动装置是指驱动电机输出轴有运动学联系的减速齿轮传动箱或者变速器、传动轴以及主减速器等机械装置。机械传动链中的功率损失有齿轮啮合处的摩擦损失、轴承中的摩擦损失、旋转零件与密封装置之间的摩擦损失以及搅动润滑油的损失等。

二、动力电池能量和功率需求

在理解了电动汽车的驱动过程之后，需要明确的是驱动所需的能量来自动力电池。电动汽车对动力电池驱动的电动汽车行驶所需的能量是功率与行驶时间的积分，即

$$E_r = \int PB(t)\,dt \qquad (2-1)$$

式中，E_r 为电动汽车一定工况下应用对电池的能量需求。

动力电池组的储能量是有限的，为了满足汽车行驶的需要，高的能量存储量对于各种电动汽车都是需要的。电动汽车的应用主要分成两类，即纯电动汽车和混合动力汽车，下面分别进行说明。

1. 纯电动汽车

纯电动汽车分为场地汽车和道路汽车两种。场地汽车的道路运行工况通常是事先确定的。例如，用于搬运货物的电动叉车在工作时间之内，自身移动和搬运货物的路程是特定的。因此，在这种应用条件下，可以较为精确地计算出执行具体任务时汽车所需的能量。在变牵引条件的复杂道路工况下，计算牵引车所需动力电池性能难度较大，一般以综合的常用工况为计算依据进行纯电动场地汽车所需的动力电池功率和能量计算。

对纯电动道路汽车而言，动力电池能量越大，可以实现的续驶里程越长，当然动力电池组的体积、重量也就越大。纯电动道路汽车要根据设计目标、道路情况和运行工况的不同来选配动力电池。动力电池组要有足够的能量和容量，同时要保证能够耐受较大的充放电电流；要能够实现深度放电（80%DOD）而不影响其使用寿命，必要时能够实现满负荷功率和全放电。由于动力电池组的体积和质量大，电池箱的设计、动力电池的空间布置和安装问题都需要根据整车的空间、前后轴的配比进行具体的设计。

纯电动场地汽车和道路汽车示意图如图 2-3 所示。

（a）　　　　　　　　　　　　　（b）

图 2-3　纯电动场地汽车和道路汽车示意图
（a）纯电动场地汽车；（b）道路汽车

2. 混合动力汽车

与纯电动汽车相比，混合动力电动汽车（图 2-4）对动力电池的能量要求有所降低，但是要能够根据整车要求实时提供更大的瞬时功率。由于混合动力汽车构型的不同，串联式混合动力汽车和并联式混合动力汽车对电池的要求又有差别。

图 2-4　混合动力汽车

串联式混合动力汽车完全由电动机驱动，对电池的要求与纯电动汽车相似，但容量要求较小，功率特性要求根据整车需求与电池容量确定。总体而言，动力电池容量越小，对其大倍率放电的要求越高。并联式混合动力汽车内燃机和电动机可直接对车轮提供驱动力，动力电池的容量可以更小，但是电池组瞬时提供的功率要满足汽车加速或爬坡要求，电池的最大放电电流要求很高。

在不同构型的混合动力汽车上，其动力电池典型、共性的要求可以归纳如下：峰值功率要求大，能短时、大功率充放电；循环寿命要长，至少要满足 5 年以上的电池使用寿命，最佳设计是与电动汽车整车同寿命；电池的 SOC 应尽可能保持在 50%～85% 的范围内工作。

三、动力电池评价指标

根据以上对电动汽车的分析，可以知道动力电池最重要的特点就是高功率和高能量。高功率意味着更大的充放电强度；高能量表示更高的比能量。动力电池系统从设计到使用角度包括以下几个重要考查指标，消费者在日常选购电动汽车时，也可从参考这几个评价指标进行对比。

1. 能量

车用动力
电池性能特征

高能量对电动汽车而言，意味着更长的纯电动续驶里程。作为交通工具，续驶里程的延长可有效提升汽车应用的方便性和适用范围。因此，电动汽车对动力电池的高能量密度的追求是永不会停止的。锂电子动力电池能够在电动汽车上广泛推广和应用，主要原因就是能量密度是铅酸动力电池的 3 倍，并且有继续提高的可能性。

2. 功率

汽车作为交通工具，追求高速化，对汽车动力性提出了高的要求。实现良好的动力性能要求驱动电机有较大的功率，进而要求动力电池组能够提供驱电机高功率输出，满足汽车驱动的要求。长期大电流、高功率放电对于电池的使用寿命和充放电效率会产生负面影响，甚至影响电池使用的安全性。因此，在功率方面还需要一定的功率储备，避免让动力电池在全功率工况下工作。

3. 安全

动力电池为电动汽车提供了高电压驱动的同时，也可能危及人身安全和车载电器的使用安全。作为高能量密度的储能载体，动力电池自身也存在一定的安全隐患。锂离子电池充放电过程如果发生热失控反应，可能导致电池起火，甚至产生爆炸、碰撞、挤压、跌落等极端状况，导致电池内部短路，也会引起危险状况的出现。

4. 寿命

动力电池的寿命直接关系到动力电池的成本。汽车应用过程中电池更换的费用，是电动汽车使用成本的重要组成部分。在现有的电池电化学体系研究中，提高动力电池的使用寿命是重点问题之一。在动力电池成组集成应用方面，考虑动力电池单体寿命的一致性，以保证电池组的使用寿命与单体电池组接近，也是研究的重要内容。

5. 成本

动力电池的成本与电池的新技术含量、材料、制作方法和生产规模有关，电池成本较高，使得电动汽车的整体造价也较高。开发和研制高效、低成本的动力电池是电动汽车发展的关键。近年来，随着电池能量密度的提升和平均成本的逐步下降，新能源汽车推广普及的进度也在加速。

任务实施

我们在上一阶段了解了电动汽车的驱动过程及其对能量和功率的需求，学习了动力电池

的评价指标，请结合学习内容，完成以下情景任务：

某 4S 店销售顾问接待来购车的小 D，初步选了 3 款车（表 2-1 所示为部分信息对比），请为其分析这 3 款车的性能特点。

表 2-1　备选车型部分参数对比

对比项目	车型 A	车型 B	车型 C
外观			
指导价	15.98 万元	14.98 万元	15.48 万元
级别	紧凑型 SUV	紧凑型车	紧凑型车
能源类型	插电式混动	纯电动	纯电动
工信部纯电续航	110 km	500 km	401 km
电池类型	磷酸铁锂	磷酸铁锂	磷酸铁锂
电池能量	18.3 kW·h	57 kW·h	43.2 kW·h
电机功率	145 kW	100 kW	100 kW
快充时间	—	0.5	—

评价与考核

一、任务评价

任务评价见表 2-2。

表 2-2　任务评价

考核项目	评分标准	学生自评	小组互评	教师评价	小计
电池评价	三款车的性能分析（能量、功率等方面）				
	语言组织及沟通效果				

二、任务考核

1. 分析电动汽车驱动的过程以及电池在其中所起的作用。
2. 纯电动和混合动力对于动力电池要求有何异同?
3. 对比评价电动汽车的动力电池,主要应该考虑哪些因素?

拓展提升

查找资料,自选新能源生产企业,对比其五年前与今年销售的主力车型的性能指标(动力系统),指出有何变化。

任务 2-2 掌握动力电池测试标准

任务引言

某新能源汽车生产企业接待来参观生产车间的中学生,当走到动力电池系统总成装配车间参观时,学生小 S 向讲解员 B 先生提问"有时候会有看到电动汽车起火的报道,企业怎样尽可能保证电动汽车动力电池不起火呢?"假如你就是讲解员 B 先生,你应该如何回答学生的疑问?

学习目标

1. 掌握动力电池电性能、循环寿命、安全要求、应用测试的方法及规范;
2. 了解车载可充电储能系统的安全要求。

知识储备

动力电池基本
测试方法

一、电池测试概述

对电池测试来说,按照不同层级,其可分为单体测试、模组测试和包体测试。测试对象不同,涉及的测试标准方法和测试设备也有所不同。我们常见的测试是指国标测试,以 GB/T 31484/485/486—2015 和 GB/T 31467—2015 以及最新版的GB 18384—2020、GB 38031/38032—2020 为主。除了常见的国标测试,各类汽车生产企业通常有各自的企业标准,称为企标或者行标。企业标准是各个汽车制作商制定的相对国标更严苛、更细致的测试要求和评价体系,如比亚迪采用针刺测试作为企业标准,而强制性国家标准中并没有针刺要求。我国的电池标准制定过程也是一个从翻译、对标国外和国际标准,逐渐发展到能够制定符合中国国情的自己标准的过程。随着中国动力电池产业影响力的持续增强,有望有更多的"中国标准"成为"国际标准"。

对电池而言,在全寿命使用周期中,会面临各种状况,出于对使用者的负责考虑,需要进行一系列检测,一方面验证产品的各项性能,另一方面要确保消费者的人身和财产安全。单体电池按照测试类型划分为:基础特性测试、动力性测试、耐久性测试、可靠性测试、安全性测试(图2-5)。特性测试对应电池的基本性能,包括容量、质量、厚度、尺寸、阻抗、热性能和力性能等常规特征性能;动力性是和电池功率相关,涉及电动汽车的加速、爬坡、快充、特殊道路工况等;耐久性和电池使用寿命有关,关系到电动汽车的使用年限,电池容量的衰减情况,长期循环和存储模式等;可靠性是指电池电动汽车在正常使用过程中各种外部环境和机械力的影响,和时间强度有关系,如温度、湿度、盐分、海拔、振动、机械冲击等;安全性是指电动汽车在遭遇各种极限滥用情况下的承受能力和边界条件,能否在极端情况下保护驾乘人员安全,主要分为电滥用、热滥用、力滥用、电池产气、析锂安全等。

图 2-5 动力及储能电池测试项目分类

模组层级测试和单体电池类似,电池包层级的测试除了上述五个部分之外,还包括 EE(电子电器)功能测试、EMC(电磁兼容)测试和热管理测试。

具体来说,对于测试方法,需要非常详尽和仔细的测试准备和操作过程描述,涉及测试前准备、测试中确认和测试后分析。做好一个测试,有很多工作需要进行,示例如图2-6所示。

同时,在测试过程中,电池样的摆放、安装、夹具等细节也会影响测试结果(图2-7)。因此在实际操作过程中,必须确认各种细节,并且尽可能还原电动汽车实际使用的情形。

测试大纲模板　　　　　　　　　　　　　　**FinDreams Battery**

Cell挤压测试大纲（举例）

1. 测试目的：测定单体电池在受挤压状态下的变形和受力情况，确定是否满足标准要求或寻找承受的挤压力极限，为设计和仿真提供数据支撑；
2. 测试样品：DV/PV样品，表面无破损或变形，BOL新鲜电池，记录电池测试前后电压，重量、阻抗
3. 样品数量：每个方向3支电池
4. 夹具装量：电池摆放，是否隔热棉，焊接连接片，电池间隙
5. 设备要求：充电柜、挤压台、数据采集仪、视频监控、内阻仪、游标卡尺、电子天平、相机
6. 设备精度：列表……
7. 装备的照片：各个角度，测试前后，根据每一步组装和拆解步骤拍照
8. 数据记录：电压、温度、力、形变
9. 测试前检查表：电池OK，数采OK，照片，相机满电，足够内存，人员安全，离开DUT
10. 测试装量的额外要求：厚度，材质，等等
11. 温度传感器分布示意图：详细，多角度，立体分布
12. 测试前准备：充电、RPT、测量、布线、上夹具、设备调试
13. 测试步骤：挤压要求1、2、3、
14. 数据处理：整理、绘图、分析、结果
15. 结果判定：EHL危险等级

图 2-6　电池测试大纲（单体挤压测试）

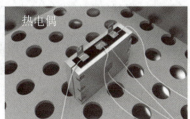

图 2-7　电池样摆放及传感器布置

二、电性能及循环寿命要求及试验方法

电池电性能和循环寿命是重要的基础性测试项目，目前相关的测试标准为 GB/T 31484—2015 和 GB/T 31486—2015，是由 QC/T 743—2006 标准演化而来的，在此基础上进行升级，制定了更符合电动汽车实际使用情况的独立的三个标准规范（含 GB/T 31485—2015）。其中，《电动汽车用动力蓄电池循环寿命要求及试验方法》（GB/T 31484—2015）规定车用动力蓄电池的标准循环寿命的要求、试验方法、检验规则和工况循环寿命的试验方法和检验规则，《电动汽车用动力蓄电池电性能要求及试验方法》（GB/T 31486—2015）规定了车用动力蓄电池的电性能要求、试验方法和检验规则。

《电动汽车用动力蓄电池电性能要求及试验方法》（GB/T 31486—2015）主要针对电池单体的外观、尺寸、重量和室温放电容量，以及模组的外观、尺寸、重量、常温性能、高低温性能、耐振动性能、存储等方面做出相应的规定。该标准对于单体的考核重点在于电池的一致性，对于电性能的考核重点在于模块，由于单体一致性的影响对电池模块性能的发挥产生很大的影响，因此更接近实际使用情况。

GB/T 31484—2015 主要考核动力电池单体、模组和系统的循环寿命指标，涵盖了乘用车和商用车两个不同的市场，以及功率型和能量型两种不同应用类型的动力电池。该标准对于单体主要考核其标准循环性能，对于模组和系统主要考核工况条件下的循环性能，因此更能够反映实际情况下测试样品的性能。

相关检验项目的试验方法和检验规则如表 2-3 所示。

表 2-3　动力电池电性能及循环寿命的试验方法和检验规则

检验项目		试验方法	指标要求
电池电性能	外观	在良好的光线条件下，用目测法检查蓄电池模块的外观	不得有变形及裂纹，表面干燥、无外伤，且排列整齐、连接可靠、标志清晰
	极性	用电压表检测蓄电池模块的极性	端子极性标识应正确、清晰
	外形尺寸和质量	用量具和衡器测量蓄电池模块的外形尺寸及质量	应符合企业提供的产品技术条件
	室温放电容量	25 ℃±2 ℃，以 $1I_1$（A）电流放电至任一单体蓄电池达到终止电压，计量放电容量（A·h 计）和放电比能量（Wh/kg），重复 5 次，取试验结果平均值	不低于额定容量，且不超过额定容量的 110%，同时测试对象初始容量极差不大于初始容量平均值的 7%
	低温放电容量	按标准充电，在 -20 ℃±2 ℃下搁置 24 h，以 $1I_1$（A）电流放电至任一单体蓄电池电压达到企业提供的放电终止电压（不低于室温放电终止电压的 80%），计算放电容量（以 A·h 计）	锂离子蓄电池模块不低于初始容量的 70%；金属氢化物蓄电池模块不低于初始容量的 80%
	高温放电容量	按标准充电，在 55 ℃±2 ℃下搁置 5 h，以 $1I_1$（A）电流放电至任一单体蓄电池电压达到室温放电终止电压，计算放电容量（以 A·h 计）	不低于初始容量的 90%
	荷电保持及容量恢复能力	按标准充电后，在 25 ℃±2 ℃搁置 28 d，以 $1I_1$（A）电流放电至任一单体蓄电池放电终止电压，计量荷电保持容量（以 A·h 计），再按标准充电，25 ℃±2 ℃下以 $1I_1$（A）电流放电至任一单体蓄电池放电终止电压，计量恢复容量（以 A·h 计）	锂离子蓄电池模块荷电保持率不低于初始容量的 85%，容量恢复率不低于初始容量的 90%
	耐振动	按标准充电，将蓄电池紧固到振动试验台上，进行线性扫频振动试验：放电电流 $1/3I_1$（A），振动方向为上下单振动，振动频率为 10~55 Hz，最大加速度为 30 m/s²，扫频循环 10 次，振动时间为 3 h，观察有无异常现象出现	不允许出现放电电流锐变、电压异常、蓄电池壳变形、电解液溢出等现象，并保持连接可靠、结构完好
	储存	蓄电池模块按标准充电，25 ℃±2 ℃下以 $1I_1$（A）电流放电 30 min，在 45 ℃±2 ℃下储存 28 d，25 ℃±2 ℃下搁置 5 h，按标准充电，25 ℃±2 ℃下以 $1I_1$（A）电流放电至任一单体蓄电池电压达到放电终止电压，计量放电容量（以 A·h 计）	容量恢复应不低于初始容量的 90%

检验项目		试验方法	指标要求
电池循环寿命	标准循环寿命	以 $1I_1(A)$ 放电至企业规定的放电终止条件，搁置不低于 30 min 或企业规定的搁置条件；按标准充电，搁置不低于 30 min 或企业规定的搁置条件；以 $1I_1(A)$ 放电至企业规定的放电终止条件，记录放电容量，以上步骤连续循环 500 次，若放电容量高于初始容量的 90%，则终止试验；若放电容量低于初始容量的 90%，则继续循环 500 次，计量室温放电容量和放电能量	以下条件满足 1 个则合格： （1）500 次循环后放电容量大于初始容量的 90%； （2）1 000 次循环后放电容量大于初始容量的 80%
	工况循环寿命（混合动力乘用车）	按标准方法调整 SOC 至 80%（或企业规定的最高 SOC），搁置 30 min；运行"主放电工况"直到 30%SOC（或企业规定的最低 SOC）或者企业规定的放电终止条件，运行"主充电工况"直到 80%SOC（或企业规定的最高 SOC）或者企业规定的充电终止条件；重复以上两个工况共 x h（x 约为 22 且循环次数满足标准），搁置 2 h，重复以上步骤 6 次，按标准测试容量、能量和功率；重复以上步骤直到放电能量与蓄电池初始能量的比值达 500，按标准测试容量和功率	总放电能量/初始额定能量>500 时，计算放电容量和 5 s 放电功率（应满足产品规格书要求）
	工况循环寿命（纯电动乘用车）	按标准方法充电，搁置 30 min；运行"主放电工况"直到 20%SOC（或企业规定的最低 SOC）或者企业规定的放电终止条件，搁置 30 min；重复以上 4 个步骤共 x h（x 约为 20 且循环次数满足标准），搁置 2 h，重复以上步骤 6 次，按标准测试容量和能量；重复以上步骤直到总放电能量与电池初始能量的比值达 500，按标准测试容量和能量	总放电能量/初始额定能量>500 时，计算放电容量（应满足产品规格书要求）

三、高功率及高能量应用测试规程

前述两个国标 GB/T 31484—2015 和 GB/T 31486—2015 是侧重于电池单体和模组层级的检验规范，而 GB/T 31467.1—2015 则是侧重于电池包或电池系统级的检验规范。通过两组标准的相互衔接和组合，可以覆盖不同的零部件等级，达到更好的效果，在此标准里引入了动力电池包和动力电池系统这两个概念，两者的主要差别在于是否包含电池控制单元 BCU（等同于电池管理系统 BMS 的主控单元）。

针对动力电池包的测试，在测试过程中，所有的参数都依赖于外部测试平台来检测，动力电池包与测试平台之间无通信和数据交换，产品相关的主动功能（包括加热/冷却功能）也由测试平台来控制。测试平台检测动力电池系统的电压、电流、容量、能量等参数，作为检测结果和计算依据。

针对动力电池系统的测试，在测试过程中，系统内部的参数由 BCU 来检测，BCU 与测

试平台之间进行实时通信，传输测试必需的数据，产品相关的主动功能也由 BCU 来控制。测试平台检测动力电池系统的电压、电流、容量、能量等参数，作为检测结果和计算依据。

功率型电池主要应用于混合动力汽车，起到能量回收和动力辅助输出的作用，达到一定的节油和减排效果。因此要求倍率性能突出（比功率要大），内阻小，发热量低，循环寿命长。针对功率型电池包/电池系统，标准提供了较为详细的测试规程，但是并没有提供判定合格的依据，具体的判断条件，取决于电池或整车企业提供的产品规格书所规定的数值。

GB/T 31467.1—2015 标准针对功率型动力电池包/系统的容量、能量、功率、效率、荷电保持等基本性能的测试规程做了比较明确的规定，为检验检测提供了标准依据。高功率动力电池应用测试规程见表 2-4。

表 2-4　高功率动力电池应用测试规程

测试项目	适用范围	测试目的
室温容量及能量	动力电池包、动力电池系统	温度为 25 ℃，产品 1C 放电条件下容量参数（A·h）和能量参数（W·h），以及最大放电电流 I_{max} 下的容量参数（A·h）和能量参数（W·h）
高温容量及能量	动力电池包、动力电池系统	温度为 40 ℃，产品 1C 放电条件下容量参数（A·h）和能量参数（W·h），以及最大放电电流 I_{max} 下的容量参数（A·h）和能量参数（W·h）
低温容量及能量	动力电池包、动力电池系统	温度为 0 ℃和-20 ℃，产品 1C 放电条件下容量参数（A·h）和能量参数（W·h），以及最大放电电流 I_{max} 下的容量参数（A·h）和能量参数（W·h）
功率和内阻测试	动力电池包、动力电池系统	分别检测-20 ℃、0 ℃、25 ℃、40 ℃这 4 个温度下，80%、50%、20%这 3 个不同 SOC 平台的充放电功率值和充放电内阻值
无负载容量损失	动力电池系统	分别模拟 25 ℃和 40 ℃的车载状态下（系统由辅助电源供电），动力电池系统因长期搁置所造成的容量损失，搁置前动力电池系统处于满电状态，搁置时间为 7 d 和 30 d（中间有两次标准循环）
存储容量损失	动力电池系统	测试 45 ℃温度下，50% SOC 的动力电池系统存储 30 d 后的容量损失
高低温起动功率	动力电池系统	分别检测-20 ℃、40 ℃时，系统在 20% SOC（或厂家规定的最低 SOC 值）的功率输出能力
能量效率	动力电池系统	分别检测-20 ℃、0 ℃、25 ℃、40 ℃这 4 个温度下，65%、50%，35%这 3 个不同 SOC 平台的快速充放电效率

标准中没有规定统一的判断依据，检验项目的判断标准，应来自产品规格书所规定的参数，满足产品的规格即为合格。具体的测试方法，详见标准文件，本书不具体列出。

能量型电池主要应用于纯电动汽车和插电式/增程式混合动力车，作为车辆的唯一动力来源或重要动力来源，具有良好的节能和减排效果。能量型动力电池系统要求存储的能量多（比能量），高低温性能好，循环寿命好。针对能量型电池包/电池系统，标准提供了较为详细的测试规程，但是并没有提供判定合格的依据，具体的判断条件，取决于电池或整车企业提供的产品规格书所规定的数值。

GB/T 31467.2—2015标准针对能量型动力电池包/系统的容量、能量、功率、效率、荷电保持等基本性能的测试规程做了比较明确的规定，为检验检测提供了标准依据。与GB/T 31467.1—2015相比，GB/T 31467.2—2015取消了高低温起动功率这一测试项，其他测试项相同，仅测试的要求有所区别（针对不同的应用需求）。具体测试方法参见标准文件。高能量动力电池应用测试规程见表2-5。

表2-5　高能量动力电池应用测试规程

测试项目	适用范围	测试目的
室温容量及能量	动力电池包、动力电池系统	温度为25 ℃，产品1C放电条件下容量参数（A·h）和能量参数（W·h），以及最大放电电流I_{max}下的容量参数（A·h）和能量参数（W·h）
高温容量及能量	动力电池包、动力电池系统	温度为40 ℃，产品1C放电条件下容量参数（A·h）和能量参数（W·h），以及最大放电电流I_{max}下的容量参数（A·h）和能量参数（W·h）
低温容量及能量	动力电池包、动力电池系统	温度为0 ℃和−20 ℃，产品在$C/3$和1C放电条件下容量参数（A·h）和能量参数（W·h），以及最大放电电流I_{max}下的容量参数（A·h）和能量参数（W·h）
功率和内阻测试	动力电池包、动力电池系统	分别检测−20 ℃、0 ℃、25 ℃、40 ℃这4个温度下，90%、50%、20%这3个不同SOC平台的充放电功率值和充放电内阻值
无负载容量损失	动力电池系统	分别模拟25 ℃和40 ℃的车载状态下（系统由辅助电源供电），动力电池系统因长期搁置所造成的容量损失，搁置前动力电池系统处于满电状态，搁置时间为7 d和30 d（中间有两次标准循环）
存储容量损失	动力电池系统	测试45 ℃温度下，50% SOC的动力电池系统存储30天后的容量损失
能量效率	动力电池系统	分别检测25 ℃、0 ℃、T_{min}（由车厂和供应商确定）这3个温度下，电池系统以1C和I_{max}（T）（由车厂和供应商确定）两种充放电倍率所测得的充放电倍率

四、车用动力蓄电池安全要求

电动汽车在发生事故的情况下，存在电击、碰撞、腐蚀、燃烧和爆炸的风险，动力蓄电池因其可能存在的化学能非正常释放所造成的潜在危害，国家标准围绕化学能的防护做了严格的规范。最新的国家标准为GB 38031—2020，是由GB/T 31485—2015和GB/T 31467.3—2015合并升级而来，并由推荐性国家标准更改为强制性国家标准。

《电动汽车用动力蓄电池安全要求》（GB 38031—2020）规定了动力蓄电池单体、电池包或系统的安全要求和试验方法，适用于锂离子电池和镍氢电池等可充电储能装置。在介绍电池安全试验之前，需要明确几个相关术语，参见表 2-6。

表 2-6　电动汽车动力电池安全要求

序号	术语	定义
1	热失控	电池单体放热连锁反应引起电池温度不可控上升的现象
2	热扩散	电池包或系统内由一个电池单体热失控引发的其余电池单体接连发生热失控的现象
3	外壳破裂	内部或外部因素引起的电池单体、模块、电池包或系统外壳的机械损伤，导致内部物质暴露或溢出
4	泄露	有可见物质从电池单体、模块、电池包或系统中漏出至试验对象外部的现象
5	起火	电池单体、模块、电池包或系统任何部位发生持续燃烧，火花及拉弧不属于燃烧
6	爆炸	突然释放足量的能量产生压力波或者喷射物，可能会对周边区域造成结构或物理上的破坏
备注：燃烧判断要求单次火焰持续时间大于 1 s			

国标中关于安全性相关检验项目分为单体和系统两个大的方面，具体的试验方法和指标要求如表 2-7 所示。

表 2-7　电动汽车动力电池安全的试验方法和指标要求

检验项目		试验方法	指标要求
电池单体安全性	过放电	按标准方法充电，以 $1I_1$（A）电流放电 90 min，完成后在试验环境温度下观察 1 h	不起火、不爆炸
	过充电	按标准方法充电，以制造商规定且不小于 $1I_3$（A）的电流恒流充电至制造商规定的充电终止电压的 1.1 倍或 115%SOC 后停止充电，在试验环境温度下观察 1 h	不起火、不爆炸
	外部短路	按标准方法充电，将试验对象正极端子和负极端子经外部短路 10 min，外部线路电阻应小于 5 mΩ。完成以上步骤后，在试验环境温度下观察 1 h	不起火、不爆炸
	加热	按标准方法充电，将试验对象放入温度箱中，锂电池按照 5 ℃/min 的速率由试验环境温度升温至 130 ℃±2 ℃，并保持此温度 30 min 后停止加热（镍氢则升温至 85 ℃±2 ℃，保温 2 h）。完成以上步骤后，在试验环境温度下观察 1 h	不起火、不爆炸
	温度循环	按标准方法充电，放入温度箱（温度调节详见国标），循环 5 次。完成试验步骤后，在试验环境温度下观察 1 h	不起火、不爆炸

检验项目		试验方法	指标要求
电池单体安全性	挤压	按标准方法充电，按下列条件试验：挤压方向为垂直于电池单体极板方向，或者与电池单体在整车布局上最容易受到挤压的方向相同，挤压板形式为半径 75 mm 的半圆柱体，挤压速度不大于 2 mm/s，挤压程度为电压达到 0 V 或变形量达到 15% 或挤压力达到 100 kN 或 1 000 倍试验对象重量后停止挤压并保持 10 min。完成以上试验步骤后，在试验环境温度下观察 1 h	不起火、不爆炸
电池包或系统安全性	振动	试验开始前，将试验对象的 SOC 调整至不低于制造商规定的正常 SOC 工作范围的 50%，按照试验对象车辆安装位置和 GB2423.43-2008 的要求，将试验对象安装在试验台，每个方向分别施加随机和定频振动载荷，试验过程监控试验对象内部最小监控单位的状态（如电压和温度）。完成以上试验步骤后，在试验环境温度下观察 2 h	无泄漏、外壳破裂、起火或爆炸现象，且不触发异常终止条件，试验后的绝缘电阻应不小于 100 Ω/V
	机械冲击	对施加对象施加半正弦冲击波，±z 方向各 6 次，共计 12 次，冲击波最大、最小容差允许范围详见国标，相邻两次冲击的间隔时间以两次冲击在试验样品上造成的响应不发生相互影响为准，一般应不小于 5 倍冲击脉冲持续时间。完成以上试验步骤后，在试验环境温度下观察 2 h	无泄漏、外壳破裂、起火或爆炸现象，试验后的绝缘电阻应不小于 100 Ω/V
	模拟碰撞	按照试验对象车辆安装位置和 GB/T 2423.43-2008 的要求，将试验对象水平安装在带有支架的台车上，根据试验对象的使用环境给台车施加规定的脉冲。当试验对象存在多个安装方向时，按照加速度大的安装方向进行试验。完成以上试验步骤后，在试验环境温度下观察 2 h	无泄漏、外壳破裂、起火或爆炸现象，试验后的绝缘电阻应不小于 100 Ω/V
	挤压	选择规定的两种挤压板中的一种，挤压方向为汽车行驶及垂直方向，挤压速度不大于 2 mm/s，挤压力达到 100 kN 或挤压变形量达到挤压方向整体尺寸的 30% 时停止挤压并保持 10 min。完成以上试验步骤后，在试验环境温度下观察 2 h	不起火、不爆炸
	湿热循环	按照 GB/T 2423.4-2008 执行试验 Db，变量按规定执行，其中最高温度 60 ℃ 或更高温度（如制造商要求），循环 5 次。完成以上试验步骤后，在试验环境温度下观察 2 h	无泄漏、外壳破裂、起火或爆炸现象，试验后 30 min 内的绝缘电阻应不小于 100 Ω/V
	浸水	试验对象按照整车连接方式连接好线束、接插件等零部件，开展试验，以实车装配方向置于 3.5% 质量分数的氯化钠溶液中 2 h，水深要足以淹没试验对象（或者试验对象按照 GB/T 4208—2017 中 14.2.7 所述方法和流程进行试验）。将电池包取出水面，在试验环境温度下观察 2 h	按方式一进行时，应不起火、不爆炸；按方式二进行时，试验后需满足 IPX7 要求，应无泄漏、外壳破裂、起火或爆炸现象；试验后的绝缘电阻应不小于 100 Ω/V

检验项目		试验方法	指标要求
电池包或系统安全性	热稳定性（外部火烧）	对电池包或系统起到保护作用的车身结构，可参与火烧试验，试验环境温度为 0 ℃以上，风速不大于 2.5 km/h，测试中盛放汽油的平盘尺寸超过试验对象水平投影尺寸 20 cm，不超过 50 cm，平盘高度不高于汽油表面 8 cm，试验对象居中放置，汽油液面与试验对象底部的距离设定为 50 cm，或者为车辆空载状态下试验对象底面的离地高度，平盘底层注入水。外部火烧试验分预热、直接燃烧、间接燃烧、离开火源 4 个阶段。	不爆炸
	热稳定性（热扩散）	按 GB 38031—2020 附录 C 进行热扩散乘员保护分析和验证	在单个电池热失控引起热扩散，进而导致乘员舱发生危险之前 5 min 时，应提供一个热事件报警信号
	温度冲击	将试验对象置于（-40 ℃±2 ℃）~（60 ℃±2 ℃）（如果制造商要求，可采用更严苛的试验温度）的交变温度环境中，两种极端温度的转换时间在 30 min 以内，试验对象在每个极端温度环境中保持 8 h，循环 5 次。完成以上试验步骤后，在试验环境温度下观察 2 h	无泄漏、外壳破裂、起火或爆炸现象；试验后的绝缘电阻应不小于 100 Ω/V
	盐雾	按照 GB/T 28046.4—2011 中 5.5.2 的测试方法和 GB/T 2423.17 的测试条件进行试验，盐溶液采用氯化钠和蒸馏水或去离子水配制，其浓度为 5%±1%（质量分数），35 ℃±2 ℃ 下测量 pH 值为 6.5~7.2，将试验对象放入盐雾箱进行循环试验，一个循环持续 24 h；另一个在 35 ℃±2 ℃ 下对试验对象喷雾 8 h，然后静置 16 h；在一个循环的第 4 小时和第 5 小时之间进行低压上电监控，以上循环进行 6 次（对于完全放置在乘员舱、行李厢或货厢的试验对象，可不进行盐雾试验）	无泄漏、外壳破裂、起火或爆炸现象；试验后的绝缘电阻应不小于 100 Ω/V
	高海拔	为保护试验操作人员和实验室安全，制造商应提供电流锐变限值、电压异常限值作为异常终止条件，测试环境为 61.2 kPa（模拟海拔高度为 4 000 m 的气候条件），温度为试验环境温度，保持此测试环境搁置 5 h，搁置结束后保持测试环境并对试验对象按制造商规定的且不小于 $1I_3$（A）的电流放电至制造商规定的放电截止条件。完成以上试验步骤后，在试验环境温度下观察 2 h	无泄漏、外壳破裂、起火或爆炸现象，且不触发异常终止条件；试验后的绝缘电阻应不小于 100 Ω/V

五、车载可充电储能系统安全要求

GB/T 18384.1—2015 针对电动汽车的车载储能装置（动力电池系统）提出了保护驾驶员、乘客、车辆外人员和外部环境的安全要求。该标准是 GB/T 18384.1—2001 的修订版，标准适用于 3.5 t 以下的电动乘用车或电动商用车，主要对标 ISO 6469 标准，两个标准的主要内容基本相同。

GB/T 18384.1—2015 针对电动汽车的车载储能装置（动力电池系统）提出了保护驾驶员、乘客、车辆外人员和外部环境的安全要求。从 2001 版到 2015 版本，标准调整了适用电压范围，修改了绝缘电阻的要求，增加了针对产生热量的要求，并删除了针对碰撞防护的要求。

标准还对绝缘电阻的测试条件做了明确的规定，要求在露点阶段进行多次测量，取绝缘电阻的最小值，比第一版本更为严格。此外，绝缘电阻的计算方法做了修订，具体内容请参考标准文稿。电动汽车动力电池安全要求参见表 2-8。

表 2-8 电动汽车动力电池安全要求

编号	检验项目	指标要求
1	适用电压范围（B 级电压）	30 ~ 1 000 V（交流）或 60~1 500 V（直流）
2	高压标识	⚡
3	电池类型标志	当人员接近动力电池系统时，应能够看到高压警告标识，并能够通过相关标识识别电池种类
4	绝缘电阻	大于 100 Ω/V（如果动力电池系统没有交流电路，或交流电路有附加防护）；大于 500 Ω/V（如果动力电池系统有交流电路，且没有附加防护）
5	爬电距离	高压端子之间 ≥（0.25U+5）mm；带电部件与电底盘之间 ≥（0.125U+5）mm；U 为两个输出端子之间最大工作电压
6	危险气体排放与通风	在正常环境和操作条件下，驾驶厢、乘客厢及其他载货空间的有害气体或其他有害物质，不能达到危险浓度，具体要求遵照相应的国标
7	产生的热量	防止任何单点失效（如电压，电流，温度传感器等）造成的可能危害人员的热量的产生
8	过流及短路切断	如果动力电池系统自身无防短路功能，则应有一个过流断开装置在汽车厂商规定的条件下断开动力电池系统，以防止对人员、车辆和环境的危害

 任务实施

我们在前一阶段学习了电池电性能、循环寿命、安全要求、应用测试的方法及规范，了

解了车载可充电储能系统的安全要求。请结合课程内容并搜集资料，完成以下情景任务：

你是某动力电池企业负责公共关系的专员，接待的中学生访问团中有人提出有时候会有看到电动汽车起火的报道，企业怎样尽可能保证电动汽车动力电池不起火呢？请从电池安全测试强制国家标准的角度给予解答。

 评价与考核

一、任务评价

任务评价见表 2-9。

表 2-9 任务评价

考核项目	评分标准	学生自评	小组互评	教师评价	小计
电池安全	电池安全测试项目的方法和意义				
	语言组织及沟通效果				

二、任务考核

1. 如何判断动力蓄电池寿命是否满足要求？
2. 混合动力汽车和纯电动汽车电池包（系统）应用测试有哪些项目？有何区别？
3. 动力电池如何进行盐雾和高海拔试验？其作用是什么？

拓展提升

利用学校或周围检测机构设备（或虚拟仿真环境），开展电池安全测试检验项目。

任务 2-3 认知动力电池测试设备

任务引言

某新能源汽车生产企业接待来参观电池生产组装车间的中学生，讲解员 B 先生为前来参观的同学们讲解了保证电池安全的过充电、过放电、湿热循环、振动、盐雾、模拟碰撞、挤压、外部火烧等试验项目，同学们对如何进行这些试验非常感兴趣，热心的 B 先生将同学们带到了电池测试中心，请他的同事 D 先生为同学们介绍电池测试设备。

 **学习目标**

1. 认知电池充放电性能测试设备；
2. 认知环境模拟试验设备；
3. 认知电池滥用试验设备。

知识储备

动力电池典型
测试设备

一、充放电性能试验设备

1. 充放电性能检测设备

电池充放电性能检测是最基本的性能检测，一般由充放电单元和控制程序单元组成，可以通过计算机远程控制动力电池恒压、恒流或设定功率曲线进行充放电。通过电压、电流、温度传感器可以进行相应的参数测量以及实现动力电池容量、能量、电池组一致性等评价参数。

电池充放电与
容量测试实训

一般试验设备按照功率和电压等级分类，来适应不同电压等级和功率等级的动力电池及电池组性能测试需要。例如，通过的电池单体测试设备，一般选择工作电压范围0~5 V，工作电流范围0~100 A，可满足多数车辆用动力电池基本性能测试的基本要求。对大功率电池组的基本性能测试，电压范围需要根据电池组的电压范围进行选择，常用的通用测试设备要求在0~500 V，功率上限为150~200 kW。

图2-8所示为动力电池大电流充放电测试设备以及小电流充放电测试设备。通常，进行电池充放电性能测试主要涉及设备是充电柜，也叫电池测试系统；如果涉及冷却性能测试，还会有水冷机对电池进行降温或者加热。

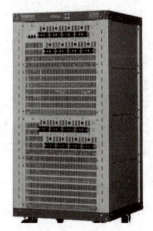

图2-8 动力电池组充放电测试设备

对于电池包和模组，充放电测试设备更加复杂（图2-9）。电池包作为高压系统，在充放电过程中需要进行策略监控，实时监测单体的电压和温度情况，保障电池包正常运行。

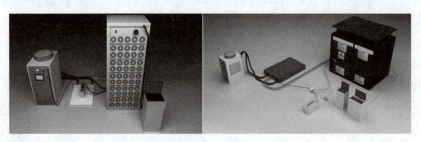

图 2-9　电池单体和电池包的充放电测试

2. 内阻测试设备

电池内阻作为二次测试参数，测试方法包括方法电流法、交流电桥法、交流阻抗法、直流伏安法、短路电流法和脉冲电流法等。直流放电法比较简单，并且在工程实践中比较常用。该方法是通过对电池进行瞬间大电流（一般为几十安培到上百安培）放电，测量电池上的瞬间电压降，通过欧姆定律计算出电池内阻。交流法通过对电池注入一个低频交流信号，测出蓄电池两端的低频电压和低频电流以及两者的相位差，从而计算出电池的内阻。现在设备厂家研制生产的电池内阻测试设备多是采用交流法为基础进行的测试。图 2-10 所示为典型的电池内阻测试仪。

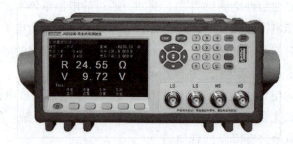

图 2-10　电池内阻测试仪

3. 温度测量设备

电池在充放电过程中的温度升高是最重要的参数之一，但一般的测试只能测量电池壳体的典型位置参数，一般在充放电的设备上带有相应的温度采集系统，具有进行充放电过程温度数据同步的功能。除此之外，专业的温度测试设备还包括非接触式测温仪和热点成像仪，可以采集电池一个或多个表面温度的变化历程，并可以提取典型的测量点的温度变化数据，是进行电池温度场分析的专业测量设备。非接触式测温仪和热成像仪如图 2-11 所示，图 2-12 展示了刀片电池测量装置及其热成像图。

二、环境模拟试验设备

动力电池常用的应用环境模拟包括温度、湿度以及在车辆上应用是随道路情况变化而出现的振动环境。因此，在环境试验中主要考虑三个方面。可采用独立的温度试验箱、湿度调节试验箱、振动试验台进行相关的单一因素影响的动力电池环境模拟试验。但实际的动力电池应用工况下，是三种环境参数的耦合，因此，在环境模拟方面用温、湿度综合试验箱以及

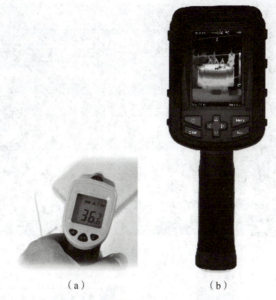

（a）　　　　　　　　　　　（b）

图 2-11　非接触式测温仪和热成像仪

（a）非接触式测温仪；（b）热成像仪

图 2-12　刀片电池测量装置及其热成像仪图

温、湿度和振动三综合试验台。为考核电池对温度变化的适应性，还需要设计温度冲击试验台，进行快速变温情况下电池的适应性试验。电池三综合试验台及温度冲击试验箱如图 2-13 所示，图 2-14 展示了刀片电池振动测试场景；图 2-15 所示为振动测试温湿度曲线及温度冲击测试温度曲线。

图 2-13　电池三综合试验台及温度冲击试验箱

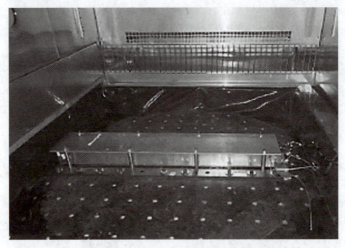

图 2-14　刀片电池振动测试场景

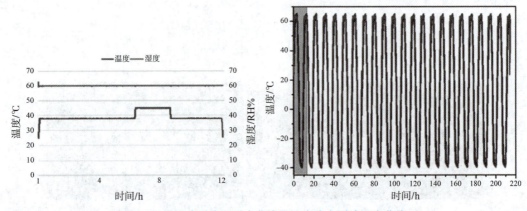

图 2-15　振动测试温湿度曲线及温度冲击测试温度曲线

三、电池滥用试验设备

电池滥用试验设备是模拟电池车辆碰撞、正负极短路、限压限流失效等条件下，是否会出现着火、爆炸等危险状况的试验设备。针刺试验机、冲击试验机、跌落试验机、挤压试验机等可以模拟车辆发生碰撞事故时，电池可能出现的损伤形式；短路试验机、被动燃烧试验平台等可以模拟电池极端滥用情况下可能出现的损伤形式；采用充放电试验平台可以进行电池过充或过放灯滥用测试。电池滥用试验设备如图 2-16 所示，图 2-17 所示为刀片电池进行针刺试验的场景。

安全测试和其他测试最大的区别是，可以预见电池大概率会失控起火，所以对测试场地有特殊要求，必须在满足特殊要求的安全房内部进行测试，以保障人员安全和环境许可；以图 2-18 为例，安全房要有足够的强度，保障电池失控后不会受损，同时测试产生有害废气要有回收处理系统，然后才能满足环境排放要求。

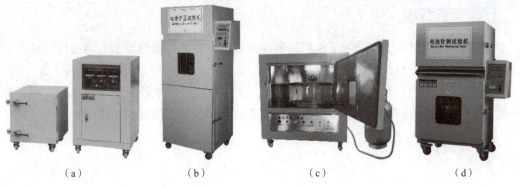

（a） （b） （c） （d）

图 2-16 电池滥用试验设备

（a）电池短路试验机；（b）电池挤压试验机；（c）电池燃烧试验机；（d）电池针刺试验机

针刺挤压安全房1

图 2-17 刀片电池针刺试验场景

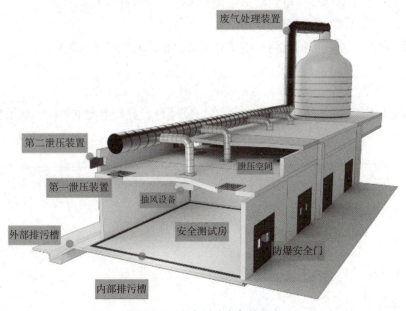

废气处理装置

第二泄压装置

第一泄压装置

泄压空间

抽风设备

外部排污槽

安全测试房

防爆安全门

内部排污槽

图 2-18 安全测试房条件要求

任务实施

我们在上一阶段认识、学习了常用的电池充放电设备、环境模拟和电池滥用设备。请结合课程内容并搜集资料，完成以下情景任务：

你是电池测试中心测试工程师，向前来参观的中学生介绍电池充放电设备的作用及操作流程。同样情景，向同学介绍环境模拟设备和电池滥用设备的作用和操作流程。

评价与考核

一、任务评价

任务评价见表 2-10。

表 2-10 任务评价

考核项目	评分标准	学生自评	小组互评	教师评价	小计
充放电设备	介绍内容准确与否				
	生动形象及接受度				
环境及滥用设备	介绍内容准确与否				
	生动形象及接受度				

二、任务考核

1. 温度测量设备有哪些，电池测试过程中为什么要用进行温度测量？
2. 什么是三综合试验台，有何作用？
3. 在网上查找一家公司的电池挤压试验设备，记录其主要参数指标。

拓展提升

利用学校或周围检测机构设备（或虚拟仿真环境），开展电池电性能测试项目。

项目三　典型电池特性与应用

作为电动汽车动力来源的动力电池种类多样，既有铅酸电池这种逾百年历史的传统电池，也有发明至今不过三十年却迅速占据市场主流的锂离子电池，还有钠离子电池、空气电池、燃料电池、超级电容等类型各异的电池（储能装置）。

如图3-1所示，本项目将介绍铅酸、镍氢等传统动力电池，锂离子电池等新型电池，发展前景广阔的燃料电池，以及其他类型的电池和储能装置。

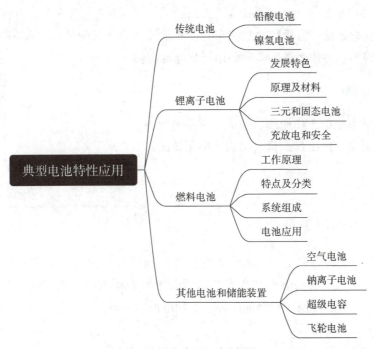

图3-1　本章知识点树图

社会能力

1. 树立能量转换存储和绿色环保的意识；
2. 具有较强的分析问题并撰写分析报告（报表）的能力；
3. 强化汇报沟通的能力；
4. 具有较强的小组协同学习能力。

方法能力

1. 通过查询资料，完成学习任务，提高资源搜集的能力；
2. 通过开展锂电池充放电试验，提高对电池充放电过程特征的理解能力；
3. 通过完成学习任务，提高解决实际问题的能力。

任务 3-1 　了解传统动力电池

🎯 任务引言

小 D 来到某旅游景区，在一番游览之后乘坐了一台园区电动汽车，方便快捷地返回景区门口。当他获悉这是一台铅酸电池汽车时，非常惊奇地问驾驶员："不是所有电动汽车都是锂电池驱动的吗？为什么景区车辆采用铅酸电池呢？"

🎯 学习目标

1. 了解铅酸电池的工作原理、组成和应用情况；
2. 了解镍氢电池的工作原理、组成和应用情况。

铅酸电池

🎯 知识储备

一、铅酸电池原理及应用

铅酸电池作为发展历史最悠久的动力电池，于 1859 年由法国科学家普兰特（G. Plante）发明，1881 年法国人发明的电动汽车就是以铅酸电池为动力的。铅酸电池技术成熟、性能可靠、成本低廉、维护方便，在储能电源、起动电源等领域大量应用，部分电动汽车也采用铅酸电池作为主能量源。

1. 铅酸电池类型

根据铅酸电池的作用，可将其分为起动式铅酸电池、牵引式铅酸电池、固定式铅酸电池。这三类铅酸电池中，起动式铅酸电池由于不能深度充放电，不能用于电动汽车的主电源，一般仅作为低压辅助电源使用；而固定式铅酸电池虽然容量可以做到很大，但是比能量较低，体积和质量很大，不适合车用，一般仅用于不间断电源等位置相对固定的场合。牵引式铅酸电池容量相对较大，可深度充放电，比能量较高，可用于电动汽车主动力电源。

随着铅酸电池技术的不断发展，目前牵引式铅酸动力电池已有很多类型，如开口式铅酸电池、阀控密封铅酸电池（VRLA）、胶体电池、双极性密封铅酸电池、水平式密封铅酸电池、卷绕式圆柱形铅酸电池、超级电池等。电动汽车上应用的铅酸电池主要是阀控式密封铅酸电池。

2. 铅酸电池原理和结构

铅酸电池反应原理如图 3-2 所示。放电时的电化学反应被称为双硫化反应。

正极成流反应为

$$PbO_2+3H^++HSO_4^-+2e^-\rightarrow PbSO_4+2H_2O \tag{3-1}$$

负极成流反应为

$$Pb+HSO_4^-\rightarrow PbSO_4+2e^-+H^+ \tag{3-2}$$

电池总反应为

$$PbSO_4+Pb+2H_2SO_4\rightarrow 2PbSO_4+2H_2O \tag{3-3}$$

在充电时，铅酸电池内部发生以下反应：

正极
$$PbSO_4+2H_2O\rightarrow PbO_2+2H^++H_2SO_4+2e^- \tag{3-4}$$

$$H_2O\rightarrow 2H^++1/2O_2\uparrow+2e^- \tag{3-5}$$

负极
$$PbSO_4+2e^-+2H^+\rightarrow Pb+H_2SO_4 \tag{3-6}$$

$$2H^++2e^-\rightarrow H_2\uparrow \tag{3-7}$$

其中，式（3-4）和式（3-6）是蓄电池的充电反应，式（3-5）和式（3-7）则是电解水的副反应。在充电过程中，可以根据两种反应的激烈程度将充电分为 3 个阶段：高效阶段，混合阶段，气体析出阶段。

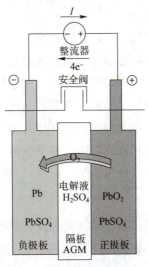

图 3-2　铅酸电池反应原理

（1）高效阶段。高效阶段的主要反应是 $PbSO_4$ 转换成为 Pb 和 PbO_2，充电接受率约为100%。充电接受率是转化为电化学储备的电能与来自充电机输出端电能之比。这一阶段在电池电压达到 2.39 V/单元时结束。

（2）混合阶段。水的电解反应与主反应同时发生，充电接受率逐渐下降。当电池电压和酸液浓度不再上升时，电池单元被认为充满。

（3）气体析出阶段。电池已充满，电池中进行水的电解和自放电反应。由于在密封的阀控免维护铅酸电池中，具有氧循环的设计，即正极板上析出的氧在负极板上被还原重新生成水而消失。因此，析气量很小，不需要补充水。

铅酸电池的放电反应为上述过程的逆反应，在此不再赘述。铅酸电池在外形上各异，但主要构成部件相似，其构造如图 3-3 所示。

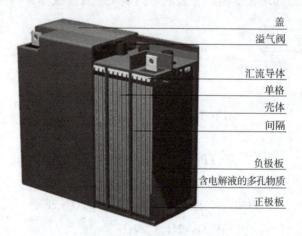

图 3-3　铅酸蓄电池构造

电极是蓄电池的核心部件，是蓄电池的"心脏"，分为正极和负极。正极活性物质的主要成分为 PbO_2，负活性物质主要成分为 Pb。

隔板是由微孔橡胶、玻璃纤维等材料制成的，新型隔板由聚乙烯、聚丙烯等制成，其主要作用是防止正负极板短路，使电解液中正、负离子顺利通过，延缓正、负极板活性物质的脱落，防止正、负极板因振动而损伤。

电解液是蓄电池的重要组成部分，由浓硫酸和净化水配置而成，它的作用是传导电流和参加电化学反应。电解液的纯度和密度对电池容量和寿命有重要影响。

电池壳、盖是安装正、负极板和电解液的容器，应该耐酸、耐热、耐振。壳体多采用硬橡胶或聚丙烯塑料材料制成，为整体式结构，底部有凸起的肋条以搁置极板组。

排气栓一般由塑料材料制成，对电池起密封作用，阻止空气进入，防止极板氧化。同时，可以将充电时电池内产生的气体排出电池，避免电池产生危险。

除上述部件外，铅酸电池单体内还有连条、极柱、液面指示器等零部件。

3. 铅酸电池的回收

铅酸电池中的硫酸以及铅、锑、砷、镍等重金属会对环境产生污染，这成为限制铅酸电池发展和应用的一个重要因素。例如，铅主要作用于神经系统、造血系统、消化系统和肝、肾等器官，能抑制血红蛋白的合成代谢，还能直接作用于成熟红细胞，对婴幼儿毒害很大，导致儿童身体发育迟缓。

因此，伴随着社会各界对环境的重视，铅酸电池回收问题显得越来越重要，目前已经形成了完善的工艺，常用的有火法冶金、湿法冶炼、固相电解还原等方法。现在铅酸电池处理中的核心问题是回收网络问题，需要建立从用户到回收厂的物流体系，使散落在用户的废旧铅酸电池回流到回收厂。

4. 铅酸电池的应用

铅酸电池发明 100 多年来广泛应用于人类生产和生活各个方面。作为起动、点火、照明电池，主要应用于汽车、摩托车、内燃机车和电力机车；作为工业用铅酸电池，主要用于邮电、通信、发电厂和变电所开关控制设备以及计算机备用电源等；阀控密封式铅酸电池可用于应急灯、UPS、电信、广电、铁路、航标等；作为动力电池，主要用于电动汽车、高尔夫车、电动叉车等。

铅酸电池，尤其是 VRLA 阀控密封铅酸电池以其低价安全等优势，成为电动自行车、电动摩托（图 3-4）和低速短途纯电动车的首选。其中电动自行车是以蓄电池作为辅助能源，具有两个车轮，能实现人力骑行、电动或电助动功能的特种自行车。电动自行车 VRLA 电池在我国应用多年，产品覆盖广泛。

图 3-4 电动摩托车和电动自行车

电动牵引车是制造工厂、物流中心等搬运产品常用运输工具，主要采用富液管式铅酸电池或胶体 VRLA 电池来作为动力电源，具有无污染、无噪声的优点，尤其是在需要举升重物时，铅酸动力电池还可以起到配重作用。图 3-5 所示为采用胶体铅酸电池的电动牵引车。

图 3-5 胶体铅酸电池电动牵引车

铅酸电池在微型、轻度混合电动汽车的运用技术已经非常成熟。中国中小城市和农村地区，以阀控密封铅酸电池为动力电源的低速纯电动汽车（图3-6），凭借其购车成本和使用成本低、环保低噪、驾驶技术要求低等优点得到快速发展，但是伴随新版《纯电动乘用车技术条件》将低速电动车纳入其中，其发展变数很大。

图3-6　低速纯电动汽车

汽车起动用蓄电池是铅酸电池最主要的用途，约占铅酸电池需求量的40%。铅酸电池在低温性能和大电流性能方面优于锂离子电池，起动电源（及电动汽车低压电源）大都固定在前舱位置，且具有较高的密闭性。安全性对汽车来说至关重要，而铅酸电池具有较高的安全级别。虽然镍氢电池和锂离子电池等新型电池发展很快，但由于性能、价格等原因在可预见的将来还不太可能替代铅酸电池在汽车起动电源中的地位。

二、镍氢电池原理及应用

1. 镍氢电池概况

镍氢（MH-Ni）电池是在镍镉（Ni-Cd）电池的基础上发展起来的，相对于镍镉电池，其最大优点是环境友好，不存在重金属污染，且不存在明显的记忆效应。民用镍氢电池又是以航天用高压氢镍电池为基础，由于高压镍氢电池采用高压氢，而且需要贵金属作为催化剂，很难为民用所接受。自20世纪70年代中期，研究者开始探索民用的低压镍氢电池。镍氢电池于1988年进入实用化阶段，1990年在日本开始规模生产。目前，以储氢合金为负极材料的镍氢电池能满足混合动力电动汽车所要求的高能量、高功率、长寿命和足够宽的工作温度范围要求，这使其成为混合动力电动汽车电池市场的主流产品，同时该类电池也已经广泛地应用在电动工具、电动自行车等日常生活用品上。

镍氢电池是一种较为典型的碱性电池，和作为酸性电池典型代表的铅酸电池有明显区别。碱性电池是以氢氧化钾（KOH）等碱性水溶液为电解液的二次电池的总称。根据极板活性物质的材料不同，可分为锌银蓄电池、铁镍蓄电池、镍镉蓄电池等系列。一般情况下，电解液中的KOH不直接参与电极反应，这是碱性蓄电池有别于铅酸蓄电池的一大特点。相对于铅酸蓄电池，碱性蓄电池具有能量密度高、机械强度高、工作电压平稳、功率密度大、使用寿命长的特点。

2. 镍氢电池结构和原理

镍氢电池以镍的储氢合金为主要材料的负极板，具有保液能力和良好透气性的隔膜，碱性电解液，金属壳体，具有自动密封性的安全阀及其他部件构成。图 3-7 所示的镍氢圆柱形电池，采用被隔膜相互隔离开的正、负极板呈螺旋状卷绕在壳体内，壳体用盖帽进行密封，在壳体和盖帽之间用绝缘材质的密封圈隔开。

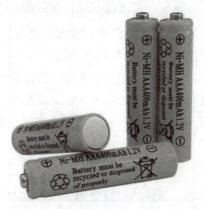

图 3-7　镍氢圆柱形电池

镍氢电池

作为镍氢电池负极板的储氢合金，顾名思义就是可以储存氢气的合金。氢是化学周期表内最小、最活泼的元素，不同的金属元素与氢有不同的亲和力。将一个与氢之间有强亲和力的 A 元素和另一个与氢有弱亲和力的 B 元素依一定的比例熔成 A_xB_y 合金，若 A_xB_y 合金内 A 原子与 B 原子间的空隙也排列得很规则，则这些空隙很容易让氢原子进出。当氢原子进入后形成 $A_xB_yH_z$ 的三元合金，也就是 A_xB_y 的氢化物，此 A_xB_y 合金即称为储氢合金。

储氢合金在进行吸氢/放氢化学反应（可逆反应）的过程中，伴随着放热/吸热的热反应（可逆反应），同时也产生充电/放电的电化学反应（可逆反应）。具有实用价值的储氢合金应该具有储氢量大、容易活化、吸氢/放氢的化学反应速率快、使用寿命长及成本低廉等特性。目前，常用的储氢合金主要为 AB_5 型（如 $NaNi_5$、$CaNi_5$）、AB_2 型（如 $MgZn_2$、$ZrNi_2$）、AB 型（如 $TiNi$、$TiFe$）、A_2B 型（如 Mg_2Ni、Ca_2Fe）几种。

镍氢电池正极的活性物质为 $NiOOH$（放电时）和 $Ni(OH)_2$（充电时），负极板的活性物质为 H_2（放电时）和 H_2O（充电时），电解液采用 30% 的氢氧化钾溶液。电化学反应如下：

负极反应式 $$xH_2O+M+xe^- \leftrightarrows xOH^-+MH_x \tag{3-8}$$

正极反应式 $$Ni(OH)_2+OH^- \leftrightarrows NiOOH+H_2O+e^- \tag{3-9}$$

电池反应式 $$xNi(OH)_2+M \leftrightarrows xNiOOH+MH_x \tag{3-10}$$

从反应式也可以看出，镍氢电池在充、放电过程中，正、负极上进行电化学反应时不生成任何中间态的可溶性金属离子，也没有电解液中的任何组分消耗和生成，因而镍氢电池可以做成密封型结构。镍氢电池的电解液多采用 KOH 水溶液，并加入少量的 LiOH。为了防止充电过程后期电池内压过高，电池中装有防爆装置。

储氢合金既承担着储氢的作用，又起到催化作用，在电池出现过充和过放电时，可以消除由正极产生的 O_2 和 H_2，从而使电池具有耐过充、过放电的能力。但随着充、放电的进

行，储氢合金的催化能力逐渐退化，电池的内压就会上升，最终导致电池漏液失效。

3. 镍氢电池储存特性

镍氢电池在储存过程中容量下降主要是电极自放电引起的，自放电率高对电池储存非常不利，所以一般镍氢电池都遵从即用即充原则，不适宜较长时间放置。电池储存条件为：存放区保持清洁、凉爽、通风；温度介于 10～25 ℃，一般不应超过 30 ℃；相对湿度不大于 65% 为宜。除了合适的储存温度和湿度条件外，还必须注意以下两点：第一，长期放置的电池应该采用荷电状态储存，一般可以预充 50%～100% 的电量。第二，在储存过程中，要保证至少每 3 个月对电池充电一次，以恢复到饱和容量。

镍氢电池的循环寿命受充放电湿度、温度和使用方法的影响。在现在的技术状态下，当按照 IEC 标准充放电时，充放电循环可以超过 1 000 次。在电动汽车上应用，镍氢电池一般采用浅充浅放的应用机制，即 SOC 在 40%～80% 应用，因此，电池的使用寿命已经可以达到 10 年以上。

4. 镍氢电池的应用

镍氢电池满足混合动力电动汽车高功率密度的要求，该类电池目前在混合动力电动汽车尤其是在日系车型中应用广泛，如丰田凯美瑞混合动力汽车、普锐斯、雷克萨斯 CT200、本田思域等。福特公司推出的 Escape 混合动力汽车也采用了额定电压为 300 V 左右的镍氢电池组。

丰田普锐斯混合动力汽车（图 3-8）采用镍氢电池作动力电源，如普锐斯的 HV 蓄电池采用的是 288 V、6.5 A·h 的镍氢动力电池。该电池组可以通过发电机实现充放电，且输出功率大、质量轻、寿命长、耐久性好。新途锐混合动力车采用镍氢电池作动力电，作为大众汽车旗下第一款采用了电驱动技术的车型，途锐混合动力通过结合电力驱动、车辆滑行、能量回收和起动-停车系统四个方面的技术，使得重达 2.3 t 的 SUV 在城市路况的燃油效率较同级别车型提高了 25%；在城市、高速公路和乡间的综合路况，平均油耗则降低了 17%。

图 3-8　丰田普锐斯混合动力汽车

与锂电相比，镍氢电池主要劣势在于能量密度和成本。镍氢电池能量密度一般在 40～70 Wh/kg，差不多只有磷酸铁锂电池的一半，三元电池的三分之一。此外，目前镍氢电池的成本是锂电池的两倍甚至更高。

国内已有一些企业开展镍氢电池在电动汽车应用上的研发。中国一汽、东风汽车公司在大连、武汉等地示范营运的混合动力公交客车（图3-9）均采用了镍氢动力电池系统。镍氢电池组功率密度可达 1 000 Wh/kg 以上，能量密度可达 55 Wh/kg 以上。

图 3-9　镍氢动力电动混合电动客车

2016 年 8 月，电容型镍氢动力电池研发在山东获得应用突破，我国三北地区（东北、西北、华北）冬季严寒时节纯电动公交车运行难的现状有望改观，该车型外观如图 3-10 所示。百辆配载电容型镍氢动力电池的纯电动公交车在淄博市上线，安全运行千万公里。电容型镍氢动力电池纯电动公交车产业化的实施，将促进我国镍氢电池产业和稀土储氢合金材料产业的发展。

图 3-10　电容型镍氢动力电池大巴

该类型电动大巴使用的电容型镍氢动力电兼具镍氢电池能量密度高、超级电容功率密度大的优点，并且两者协同效应好。据实车运行数据，第一辆装配 200 A·h 电容型镍氢动力电池的 12 m 纯电动公交车，行驶 $2.089×10^6$ km，电容型镍氢动力电池容量衰减小于 5%，电容型镍氢动力电池一致性保持在 50 mV 以内。

镍氢电池长期以来在高功率和大电流性能方面一直不如镍镉电池，因此，小型电动工具市场长期以来被镍镉电池垄断。随着镍氢电池技术的进步以及社会对环境问题的日趋重视，给镍氢电池的发展提供了一个良好的机会。目前，高功率镍氢电池已进军电动工具市场并逐步替代镍镉电池，成为该市场的主流电池之一。

任务实施

我们在上一阶段学习了铅酸电池和镍氢电池的基本工作原理及应用情况，请结合学习内容，完成以下情景任务：

你是某景区电动汽车的驾驶员，请组织语言，回答乘客"景区电动车为什么选用铅酸电池作为动力电池"这一问题。

评价与考核

一、任务评价

任务评价见表3-1。

表3-1　任务评价

考核项目	评分标准	学生自评	小组互评	教师评价	小计
铅酸电池	铅酸电池作为园区车辆的特点				
	语言组织及沟通效果				

二、任务考核

1. 是不是所有的铅酸电池都可以作为电动汽车的动力电池？
2. 为什么镍氢电池适合作为混合动力汽车的动力源？

拓展提升

查找并阅读资料，分析低速电动车为什么选用铅酸电池作为动力电池，其迅速发展的原因是什么？新版《纯电动乘用车技术条件》将低速电动车纳入管理，这会对低速电动车的发展带来什么影响？

任务 3-2　掌握锂离子动力电池

任务引言

某新能源汽车生产企业接待来参观生产车间的中学生，当走到锂电池生产车间参观时，学生小S向讲解员B先生提问"磷酸铁锂和三元电池是什么关系？平常所见的电池也是固体形态，为什么不叫固态电池？"假如你就是讲解员B先生，你应该如何回答学生的疑问？

学习目标

1. 了解锂离子电池的类型、工作原理和组成结构；
2. 了解三元电池和固态电池的特点；
3. 掌握锂离子电池的充放电特性、安全特性和热特性。

知识储备

锂电池发展
与分类

一、锂电发展及其特色

1. 锂电池发展过程

锂离子电池（图 3-11）的基础是在 20 世纪 70 年代石油危机期间奠定的。

锂电池发展
历程时间轴

供职于美国埃克森美孚（Exxon Mobil）石油公司的斯坦利·惠廷厄姆（Stanley Whittingham）致力于开发可以实现无化石燃料能源技术的方法。他用二硫化钛作正极材料，金属锂作负极材料，制成首个锂电池。1980 年，牛津大学约翰·古迪纳夫（J. Goodenough）教授发现钴酸锂可以作为锂离子电池的正极材料，这是一个重要的突破，带来了更加强大的电池。

以古迪纳夫的阴极为基础，日本旭化成公司吉野彰（Akira Yoshino）在 1985 年创造了第一个商业上可行的锂离子电池。他没有在阳极使用活性锂，而是利用了石油焦。吉野先生研发出来的这种锂电池，具有安全性高、体积小、能量密度高等特性，突破了以往镍氢电池的技术限制。索尼公司获得这一技术后，与旭化成合作，在 1991 年首次将锂离子电池实现了商业化。这种电池重量轻，而且在性能恶化之前可以充电数百次。以上三位科学家分享了 2019 年度的诺贝尔化学奖。

锂离子电池的优点在于，它们不是基于分解电极的化学反应，而是基于锂离子在正极和负极之间来回流动。

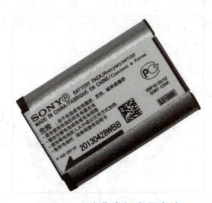

图 3-11 消费类锂离子电池

在索尼推出锂离子电池之后，贝尔实验室，也就是发明晶体管和 C 语言的那个传奇实验室，成功拿下了聚合物锂电池的专利，聚合物锂电池最大的好处是可以做得更轻更薄，为

了绕开索尼公司的圆柱形电池专利，贝尔实验室还发明了"软包"这种封装形式。

近年来，随着对能量密度的关注，向高镍化方向发展的三元锂电池越来越受到重视。同时，安全性能优异的固态电池也成了各方关注的焦点，并有望成为未来电池行业的主流类型。

锂离子电池虽然不是中国发明的，但是我国锂电产业链非常齐备，四大主材以及各种辅材生产规模十分可观，除满足国内需求外，还大量出口海外。更值得一提的是，我国拥有以宁德时代、比亚迪为代表的具有国际影响力的锂离子电池龙头企业。

2. 锂离子电池特点和分类

锂离子电池自20世纪90年代商用以来，因其突出的性能优势而成为动力电池领域研究和应用的热点。近年来，锂离子电池已经成为电动汽车用动力电池的主体。

那么相对于其他类型电池，锂离子电池具有哪些优点呢？

（1）工作电压高。锂离子电池单体额定电压普遍为 3.2～3.7 V，而铅酸电池额定电压为 2 V，镍氢电池仅为 1.2 V。

（2）能量密度高。锂离子电池能量密度可达 200 Wh/kg 以上，部分高镍三元电池甚至可以达到 300 Wh/kg，远高于常见的铅酸和镍氢电池。

（3）循环寿命长。目前，锂离子电池在深度放电情况下，循环次数可达 1 000 次以上；在低放电深度条件下，循环次数可达上万次，其性能远远优于其他同类电池。

（4）自放电小。锂离子电池月自放电率仅为总容量的 2%～5%，大大缓解了传统二次电池放置时由于自放电而引起的电能损失问题。

（5）无记忆效应。锂离子电池不像镍镉电池存在记忆性，锂离子电池无论处于什么状态，都可随充随用，无须先放完再充电。

（6）环保性高。相对于传统的铅酸电池、镍镉电池废弃可能造成的环境污染问题，锂离子电池中不含汞、铅、镉等有害重金属元素，是真正意义上的绿色电池。

按照电池的外形，可把锂离子电池分为方形、圆柱和软包电池三种（图3-12）。其中，方形电池一般采用钢壳或者铝壳包装，作为动力电池时，其具有单体容量大、形状规则、空间利用率高、成组效率高等特点，是目前主流的动力电池技术路线。圆柱电池多采用钢壳包装，其具有标准化程度高、一致性高、成本低等优势，在各领域的应用较为灵活。软包电池采用铝塑膜包装，具有能量密度高、安全性高的优势，是目前数码电池领域的主流技术路线，在动力电池领域其份额也在不断提升。

图3-12 方形、圆柱、软包锂离子电池

根据锂离子电池所用电解质材料不同，锂离子电池可分为液态锂离子电池（Liquified Lithium-Ion Battery，简称 LIB）和聚合物锂离子电池（Polymer Lithium-Ion Battery，简称 PLB）两大类。他们的主要区别在于电解质不同，液态锂离子电池使用的是液体电解质，而聚合物锂离子电池则以聚合物电解质来替代。无论是液态锂离子电池还是聚合物锂离子电池，他们所用的正负极材料都是相同的，正极材料分为钴酸锂（$LiCoO_2$）、锰酸锂（$LiMn_2O_4$）、镍酸锂（$LiNiO_2$）、三元材料和磷酸铁锂（$LiFePO_4$）材料等，负极材料为石墨，原理基本一致。

二、工作原理及材料

1. 锂离子电池的工作原理

在原理上，锂离子电池实际是一种锂离子浓差电池，正、负电极由两种不同的锂离子嵌入化合物组成，正极采用锂化合物 $LiCoO_2$、$LiMn_2O_4$、$LiNiO_2$，负极采用石墨，电解质为 $LiPF_6$ 等有机溶液，隔膜为由聚烯烃材料制备而成的微孔薄膜。经过锂离子在正负极的往返嵌入和脱嵌，形成电池在充电和放电过程。充电时，Li^+ 从正极脱嵌经过电解质嵌入负极，负极处于富锂态，正极处于贫锂态，同时，电子的补偿电荷

锂电池工作原理与电池材料

锂电池工作原理

从外电路供给到碳负极，保持负极的电平衡。放电时则相反，Li^+ 从负极脱嵌，经过电解质嵌入到正极，正极处于富锂态，负极处于贫锂态。正常充放电情况下，锂离子在层状结构的碳材料和层状结构氧化物的层间嵌入和脱出，一般只会引起层面间距的变化，不破坏晶体结构；在放电过程中，负极材料的化学结构基本不变。因此，从充放电的可逆性看，锂离子电池反应是一种理想的可逆反应。锂离子电池的工作原理如图 3-13 所示，电极反应表达式如下：

正极反应式 $$LiMO_2 \rightarrow Li_{1+x}MO_2 + xLi^+ + xe^- \tag{3-11}$$

负极反应式 $$nC + xLi^+ + xe^- \rightarrow Li_xC_n \tag{3-12}$$

电池反应式 $$LiMO_2 + nC \rightarrow Li_{1-x}MO_2 + Li_xC_n \tag{3-13}$$

式中，M 代表 Co、Mn、Ni 等金属元素。

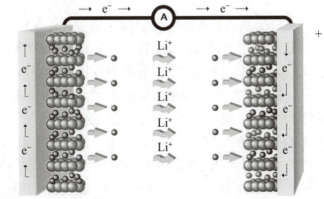

图 3-13　锂离子电池的工作原理

2. 锂离子电池材料

在工作原理部分，提到了电池的正、负极，接下来我们专门介绍锂离子电池材料的相关知识。其正极材料是一种嵌入式化合物，具有能使锂离子较为容易地嵌入和脱出，并能同时保持结构稳定的一类化合物。目前，被用作电极材料的嵌入式化合物一般均为过渡金属氧化物。在充放电循环过程中，锂离子会在金属氧化物的电极上进行反复的嵌入和脱出反应，因此，金属氧化物结构内氧的排列及其稳定性是电极材料的一个重要指标。

作为嵌入式电极材料的金属氧化物，依其空间结构的不同可分为层状岩盐型、尖晶石型和橄榄石型 3 种类型。

层状正极材料中研究比较成熟的是钴酸锂（$LiCoO_2$）和镍酸锂（$LiNiO_2$）。

钴酸锂（图 3-14）是最早用于商品化二次锂离子电池的材料，也是古迪纳夫和吉野彰获得诺贝尔奖所使用的正极材料。钴酸锂具有良好的可逆性和循环充放电性能，还具有放电电压高、性能稳定、易于合成的优点，但钴资源稀少，导致其价格较高，作为重金属元素还会对环境产生污染。目前，其主要应用于手机、笔记本电脑等中小容量消费类电子产品中，只有少量车型有用（如 Model S）。

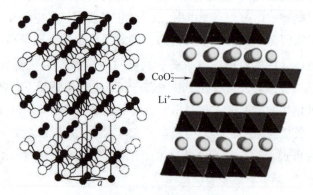

图 3-14 层状钴酸锂结构示意图

镍与钴的性质非常相近，而价格比钴低很多，并且对环境污染较小。因此，镍酸锂被视为锂离子电池中最有前途的正极材料组分，当前流行的"高镍三元电池"就是看中了镍酸锂这方面的优良性能。

锰酸锂（$LiMn_2O_4$）是尖晶石型嵌锂化合物的代表，锰元素在自然界含量丰富，价格便宜，且毒性远小于钴和镍。锰酸锂主要包括尖晶石型（图 3-15）和层状结构两种，其中尖晶石型锰酸锂结构稳定，易于实现工业化生产，如今市场产品均为此种结构。它作为电极材料具有价格低、电位高、环境友好、安全性能高等优点。但其电极循环容量容易迅速衰减，较差的循环性能及电化学稳定性一定程度上限制了它的产业化。

另一个重要的正极材料是磷酸铁锂（$LiFePO_4$），它在自然界中以磷铁矿的形式存在，属于橄榄石型结构（图 3-16）。$LiFePO_4$ 实际最大放电容量可高达 165 mA·h/g，非常接近其理论容量，工作电压在 3.2 V 左右。并且 $LiFePO_4$ 中的强共价键作用使其在充放电过程中保持晶体结构的高度稳定性，因此具有比其他正极材料更高的安全性能和更长的循环寿命。

图 3-15　尖晶石型结构示意图

另外，LiFePO₄ 具有原材料来源广泛、价格低廉、无环境污染、比容量高等特点，使其成为重要的商用车锂离子电池正极材料。

图 3-16　橄榄石型 $LiFePO_4$ 结构示意图

现在，中国建设的大型锂离子动力电池生产厂，如比亚迪、宁德时代、国轩高科等均有磷酸铁锂电池产品。在国内纯电动客车中，2019 年磷酸铁锂电池的比例接近九成。随着财政补贴政策的退坡乃至退出，磷酸铁锂电池成本优势更加突出，有望在某种程度上收复其乘用车锂离子电池的市场份额。

负极材料（图 3-17）是决定锂离子电池综合性能的关键因素之一，比容量高、容量衰减率小、安全性能好是对负极材料的基本要求。目前应用的负极材料包括碳材料、含碳化合物和非碳材料。其中，碳材料是商品化锂离子电池应用最为广泛的负极材料，包括石墨、无定型炭等。

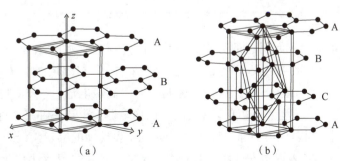

（a）　　　　　　　　　　　（b）

图 3-17　负极结构示意图

（a）六方石墨晶胞；（b）菱方石墨晶胞

电解质材料是电池的重要组成部分，在电池中承担着正负极之间传输电荷的作用，对于电池的比容量、工作温度范围、循环效率及安全性能至关重要。电解质的选用对锂离子电池的性能影响非常大，它必须是化学稳定性好，尤其是在较高的电位下和较高温度环境中不易发生分解，具有较高的离子导电率，而且对正、负极材料必须是惰性的、不能腐蚀电极。

锂电池的结构中，隔膜是关键的内层组件之一，它必须是化学稳定性高、热稳定性高、耐电解液的材料。隔膜位于电池正极和负极之间，主要作用是使正负极分隔开来，防止两极接触而短路，为防止短路，要求较高的拉伸强度和穿刺强度，此外还要具有能使电解质离子通过的功能，作为保液空间和离子通道，要求隔膜为多孔结构。隔膜材质是不导电的，其物理化学性质决定了电池的界面结构、内阻等，直接影响电池的容量、循环以及安全性能等特性。

三元电池和
固态电池

三、三元和固态电池

1. 三元电池

三元电池（图3-18）由于其优异的电化学性能、较高的能量密度、较低的生产成本受到研究人员和锂电行业的广泛关注，已经成为我国纯电动乘用车市场的主流电池。三元材料是与钴酸锂结构极为相似的锂镍钴锰氧化物（$LiNi_xCoyMn_{1-x-y}O_2$）的名称，这种材料在比能量、循环性、安全性和成本方面可以进行均衡和调控。

三元电池原理

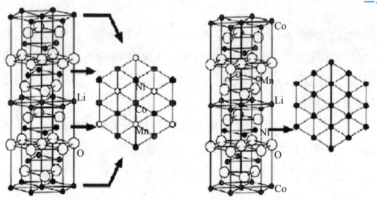

图3-18　三元电池结构模型

通常使用 NCM 作为三元材料的简称。目前，三元材料常见配比有 NCM333、NCM523、NCM622、NCM811 等，数字代表三种元素在正极材料中所占比例，如 NCM811 代表的是镍钴锰三种元素所占比例为 8：1：1，这是一种典型的"高镍电池"。NCA 则是将其中的锰元素用铝元素来替代，一定程度上改善了材料的结构稳定性，也是一种三元材料。

NCM 材料比例不同表现出的综合特性也不同，Ni 表现高的容量、低的安全性；Co 表现高成本、高稳定性；Mn 表现高安全性、低成本。目前，关于提高动力电池能量密度的重点主要在于提高正极材料的比容量，其中最主流的观点就是提高三元材料的镍含量。镍充当活性成分，其含量越高，可参与电化学反应的电子数越多，材料放电比容量就越高，但是相应的安全性会降低，某种程度上这也是近年来电动汽车起火事故增多的一个原因。

相对于锰酸锂和磷酸铁锂电池，三元电池工业合成工艺较为繁复，昂贵的 Ni、Co 元素比例较高，且安全性不及 LiFePO$_4$。同时，三元电池高温结构不稳定，导致高温安全性较差，进而引发危险。当前研究的重点在于降低产业化成本，改善循环稳定性能和倍率性能。通过电解液以及特殊的陶瓷隔膜技术制作电池，使当前三元材料锂电池的安全问题得到部分改善，一定程度上可以提高三元锂电池的安全性能。

2017 年以来动力电池年装机总量中三元电池占比逐渐升高。但进入 2020 年后，伴随磷酸铁锂电池需求的增加，三元增长趋势放缓，2021 年 5 月再次被磷酸铁锂电池反超。虽然新的补贴政策对于高能量密度动力电池的应用速度要求有所缓解，但政策主要是基于应用的安全性考虑，实际从需求端来说，消费者对于高能量密度、高续驶里程车型的态度仍未转变。

2. 固态电池

锂电池的分类方法比较多，可以按正极材料类型划分、按负极材料类型划分、按电解液类型划分等，上文中的三元材料、磷酸铁锂和锰酸锂等材料都是按照正极材料划分。

固态电池原理

如果按照电解液形态的方式命名，可以将锂电池分为全固态锂电池、半固态电解液锂电池和液态电解液锂电池。三元材料、磷酸铁锂和锰酸锂都属于液态电解液锂电池范围。与半固态电解液锂电池和液态电解液锂电池不同的是，全固态锂电池是一种使用固体电极和固体电解质的锂电池。其主要由薄膜负极、薄膜正极和固态电解质组成（图 3-19）。

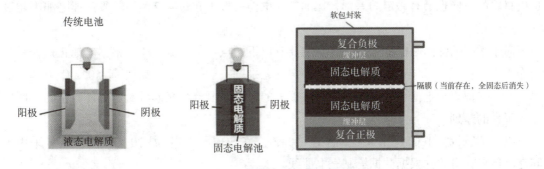

图 3-19　固态电池结构特征

全固态锂电池是不含有任何液体的锂电池，主要包括全固态锂离子电池和全固态金属锂电池，差别在于前者负极不含金属锂，后者负极为金属锂。在目前各种新型电池体系中，全固态电池采用全新固态电解质取代当前有机电解液和隔膜，具有高安全性、高体积能量密度的特点，从而有望成为下一代动力电池的终极解决方案。

电解质材料是全固态锂电池技术的核心，电解质材料很大程度上决定了固态锂电池的各项性能参数，如功率密度、循环稳定性、安全性能、高低温性能以及使用寿命等。

固态电池具有高安全性、高能量密度等特点，具体来讲：传统锂离子电池采用含有可燃溶剂的有机液体电解液，在过充、短路等异常情况下，电池容易发热，造成电解液气胀、自燃甚至爆炸，存在严重的安全隐患。而无机固态电解质材料不可燃、无腐蚀、不挥发、不存在漏液问题。在循环寿命、温度适应性、生产效率等方面，固态电池也具有独特的优势。

虽然在以上方面性能优异，但是固态电池也存在高阻抗、低倍率的核心难题。由于传统液态电解质与正、负极的接触良好，界面之间不会产生大的阻抗，相比较之下，固态电解质与正负极之间以固/固界面的方式接触，接触面积小，界面阻抗较高，锂离子在界面之间的传输受阻。另外由于制造技术的不成熟，固态电池的成本居高不下，不过随着技术和工艺水平的进步，相信成本的下降会是一个渐进的过程。

为使锂电池具有更高的能量密度和更好的安全性，国外锂离子电池厂商和研究院所在固态锂电方面开展了大量的研发工作。日本更是将固态电池研发提升到国家战略高度，日本经济省联合丰田、本田、松下、旭化成等产业链力量，共同研发固态电池。总体来看，现阶段固态电池量产产品很少，产业化进程仍处于早期，对比传统锂电尚未具备竞争优势。从海外各家企业实验与中试产品来看，固态电池能量密度优势已开始凸显，并明显超过现有锂电池水平。

四、充放电和安全特性

1. 充放电特性

从安全、可靠并兼顾充电效率等方面考虑，锂离子电池充电通常采

锂电池充放电特性

用两段式充电方法。第一阶段为恒流限压，第二阶段为恒压限流。充电的最高限压值根据正负极材料的不同也会有一定的差别，比如三元电池一般不超过 4.2 V，磷酸铁锂电池不超过 3.6 V。

对于不同的锂离子电池来说，区别主要有以下两点：①恒流阶段，根据电池正极材料和制作工艺的不同，最佳充电电流值存在一定的差别，一般采用的电流范围为 $0.2C$~$0.8C$ 倍率。②不同锂离子电池在恒流时间上存在很大的差别，恒流可充入容量占总体容量的比例也存在很大的差别。

以额定容量为 100 A·h 某锂离子电池为例，在 SOC=40% 恒温 20 ℃ 的情况下，采用不同充电倍率充电，并根据数据绘制充电曲线。

仔细观察图 3-20 的充电曲线，发现：随着充电电流的增加，恒流时间逐步减少，恒流可充入容量和能量也逐步减少。根据对数据的分析，在电池允许的充电电流之内，增大充电电流，虽然恒流阶段充入的容量和能量将减少，但有助于总体充电时间的减少。在实际电池组应用中，可采用以锂离子电池允许的最大充电电流充电，达到限压后，进行恒压充电，这样在减少充电时间的基础上，也保证了充电的安全性。

随着充电电流的增加，电池内阻消耗的能量会增加。对充电过程进行综合考虑，由于充电电流与内阻能耗的平方关系，是影响内阻能耗的主要因素，所以充电电流大的内阻能耗大。在实际电池应用中，应综合考虑充电时间和效率，选择适中的充电电流。

在不同环境温度下对锂离子电池进行充电，以某额定容量 200 A·h 锂离子电池为例，

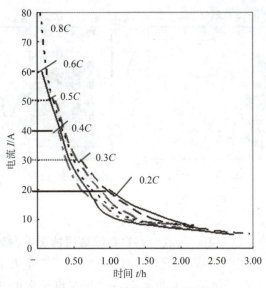

图 3-20 锂离子电池充电曲线

采用恒流限压方式，记录并整理数据。

从表 3-2 可以看出，随环境温度降低，电池可充入容量明显降低，而充电时间明显增加。低温（-25 ℃）同室温（25 ℃）相比，相同的充电结束电流，可充入容量和能量降低 20%~30%。如果以 5 A 为充电结束标准，则电池仅充入在此温度下可充入容量或能量的 75%~80%。但减小充电结束电流，就意味着充电时间的大幅增加。在冬季低温情况下，电池可充入容量低，这个温度特性和我们的日常感受也是一致的。因此，在寒冷天气，充电前应对电池加热，是有利于充入容量的提升的。

表 3-2 不同温度电池充电参数

环境温度/℃	充电电流降至 5 A			充电电流降至 1 A		
	充入容量/(A·h)	充入能量/(W·h)	充电时间/h	充入电流/(A·h)	充入能量/(W·h)	充电时间/h
-25	118.09	516.81	9.0	147.08	640.79	21.0
-5	127.29	566.63	7.1	160.75	717.27	19.0
10	164.59	707.65	6.4	203.12	867.32	15.0
25	168.94	726.91	5.5	205.98	878.71	12.3

在放电特性方面，试验结果表面，同样的温度，放电电流越小，放出的容量和能量就越多，也就是说，小电流更有利于能量的释放。同样的放电电流，温度越低，释放出的容量和能量就越低。冬季电动汽车使用前需要开启 PTC 对电池包加热正是利用此规律，通过改善电池的放电特性改善电池乃至整车的使用特性。

对于某容量为 160 A·h LiNi$_{0.65}$Co$_{0.15}$Mn$_{0.2}$O$_2$ 电池，其充放电容量随着充放电倍率和温度的变化如图 3-21 所示。

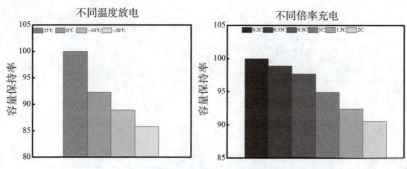

图3-21　三元电池容量随充放电倍率和温度变化

2. 安全和热特性

锂离子电池在热冲击、过充电、过放电和短路等滥用情况下，其内部的活性物质及电解液等组分间将发生化学、电化学反应，产生大量的热量和气体，使得电池内部压力增大，积累到一定程度可导致电池着火，甚至爆炸。

锂电池安全特性

从提高锂离子电池安全性角度出发，可从以下方面着手：

第一，从电解质角度考虑，可以使用添加阻燃剂的安全型锂离子电池电解液，也就是在常规电解液中加入阻燃添加剂，这对提高锂离子电池安全性有一定作用，但由于对电池性能有一定影响，因此限制了商业上的应用。更有效的方法是使用固体电解质，代替有机液态电解质。聚合物电解质，尤其是凝胶型聚合物电解质的研究近年来取得很大的进展，目前已经成功用于商品化锂离子电池中。

第二，提高电极材料的热稳定性，这里面包括负极材料和正极材料。目前，对安全性要求更高的动力电池通常采用新型材料代替普通石墨作为负极。正极材料和电解液的热反应被认为是热失控发生的主要原因，提高正极材料的热稳定性尤为重要。$LiFePO_4$ 受热稳定，因此不会引起电解液的剧烈反应或燃烧；在过渡金属氧化物中，$LiMn_2O_4$ 由于热稳定性较好，所以相对安全性也比较好。

根据试验，常温下以 $0.3C$ 倍率电流充满电，再在常温下分别以 $0.3C$、$0.5C$ 和 $1C$ 倍率放电时，某磷酸铁锂电池正极柱处做出温升曲线（放电截止电压为 $2.5\,V$）。

从图3-22中可以看出，电池放电电流越大时，正极柱处的温度上升越快，并且温度极值越高。这说明放电电流越大，损耗的热能就越多。在环境温度不变且采用没有散热措施的情况下，要减少温度升高的幅度，就必须减少放电电流。在环境温度较高，电池大功率放电的情况下，必须采用散热措施，以避免热失控导致的安全问题。

充电温升与放电类似，恒流充电开始阶段，电池正极柱处温升较快，这主要是因为SOC值较小，内阻较大，从而生热速率较大，温升较快。随后恒流充电后期温升速率放缓，这主要是因为温度和SOC值上升后，电池内阻值减小，从而生热速率减小，温升放缓。等到恒流充电结束时刻，电池正极柱温度达到峰值。到达恒压阶段时，随着电流的下降，电池温度开始下降，直到电流下降到涓流为止，但充电结束时的温度高于充电前。

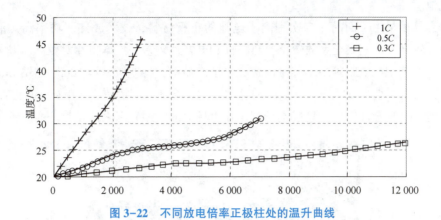

图 3-22　不同放电倍率正极柱处的温升曲线

正常应用温度范围内，锂离子电池温度越高，工作电压平台越高，电池的可用容量越多。但是长期在高温下工作会造成锂离子电池的容量下降从而影响电池的使用寿命，并极有可能造成电池热失控。

五、应用类别及举例

锂离子电池的高容量、适中的电压、广泛的来源以及其循环寿命长、成本低、性能好、对环境无污染等特点，使得其在消费类电子、新能源汽车、储能领域均得到了大规模的应用。锂离子电池的使用类别如表 3-3 所示。

锂电池的应用

表 3-3　锂离子电池的使用类别

电池类别	应用领域	特点	电池性能要求	电池类型
消费类电池（高能量）	手机、平板、笔记本电脑、移动电源、智能家居、无人机等	对电池倍率性能、工作温度、成本、循环性能要求不高	能量密度高于 150 Wh/kg，100%DOD200~300 次	钴酸锂、三元、锰酸锂电池
动力电池（高功率）	新能源汽车、低速车、电动自行车、电动工具等	要求高功率密度、安全性、温度特性、成本低、低自放电率	800 ~ 1 500 W/kg，预期 2 000 W/kg 以上	三元、磷酸铁锂、锰酸锂电池
储能电池（长寿命）	电网储能、通信基站储能、家庭储能、UPS 电源	对功率和能量密度要求不高，体积和重量要求相对较低	使用寿命长，免维护，性能稳定，价格低，较好的温度特性和较低的自放电率	磷酸铁锂为主

在电动汽车方面，锂离子电池驱动已经成为主流。国内开发的电动汽车大部分车型采用锂离子电池。丰田 Prius 从第三代开始也配备锂电池版本，取代镍氢电池作为混合动力车型

的动力电池。

　　钴酸锂是最早用于商品化二次锂离子电池的正极材料，技术成熟，功率高，能量密度大，一致性较高，但其安全系数较低，热特性和电特性较差，成本也相对较高。其原来主要应用于手机、笔记本电脑等中小容量消费类电子产品中，特斯拉采用18650型钴酸锂离子电池作为其开发的早期电动汽车Roadster的动力电池，图3-23所示即为Roadster电动车外观。钴酸锂电池由于安全性较差，且成本较高，在市场上的应用并未大规模推广。

图3-23　特斯拉纯电动汽车Roadster外观

　　锰酸锂电池在新能源汽车领域的应用虽然较早，但由于我国新能源汽车推广路线的选择原因，且商用车领域以磷酸铁锂商业化最突出，而锰酸锂电池能量密度较低，导致其在国内市场主要应用于部分客车和专用车领域，而在新能源乘用车领域应用较少。在国外，东芝、日立与LG等日韩电池企业将锰酸锂电池广泛应用于日、韩、欧美国家等多款主流品牌的新能源汽车上，日产公司推出的聆风纯电动汽车（图3-24）与三菱的i-MiEV纯电动汽车均采用锰酸锂锂离子电池。

图3-24　聆风纯电动汽车

　　磷酸铁锂电池在二次电池应用中比较成熟，由于它具有可快速大电流放电、高温性能好、安全环保、循环寿命长等特点，将其作为动力电池可获得较为理想的效果。在纯电动客车领域，动力电池的安全性能尤为重要，目前基本上都采用了磷酸铁锂电池；在纯电动专用车和乘用车领域，受到近年来补贴退坡的影响，磷酸铁锂凭借着低成本的优势，市场份额有明显增长。图 3-25 中展示了采用磷酸铁锂电池最新刀片电池技术的比亚迪汉纯电动汽车。

图 3-25 比亚迪汉纯电动汽车

在国内，由于电动汽车补贴与续航里程和电池能量密度挂钩，三元电池从 2017 年开始超过磷酸铁锂电池成为新能源乘用车领域的主流技术路线。中国三元电池企业普遍采用 NCM 路线，随着对能量密度要求的不断提升，部分企业布局了 NCM811 产品。国外，以松下为主的企业采用了 NCA 的技术路线，并生产出 21700 电池应用于特斯拉 Model3 上面；以 LG 化学和三星 SDI 为主的企业则主要采用三元 NCM 体系，其主要应用于日韩和欧美等国的主流车企当中。图 3-26 中展示了采用三元电池的蔚来 EC6 车型外观。

图 3-26 蔚来 EC6 纯电动汽车

🎯 **任务实施**

我们在前一阶段学习了锂离子电池的原理、材料、特性和应用。请结合课程内容并搜集资料，完成以下情景任务：

你是某公司动力电池企业生产车间工程师，接待的中学生访问团中有人提出"磷酸铁锂和三元电池是什么关系？平常所见的电池也是固体形态，为什么不叫固态电池？"请你从专业角度给予解答。

一、任务评价

任务评价见表3-4。

表3-4　任务评价

考核项目	评分标准	学生自评	小组互评	教师评价	小计
锂电对比	磷酸铁锂电池与三元电池组成、特性区别				
	语言组织及沟通效果				
固态电池	固态电池原理与特性				
	语言组织及沟通效果				

二、任务考核

1. 查阅资料，思考回答2019年度诺贝尔奖为什么授予锂离子电池发明人？
2. 相较于其他电池，锂离子电池具有哪些优点？又是如何分类的？
3. 锂离子电池有哪些常见的正极材料、负极材料？

拓展提升

按照GB/T 31486—2015测试规范，自选锂离子电池，完成常温下放电容量测试。

任务 3-3　掌握燃料电池原理及应用

任务引言

某新能源汽车生产企业接待来参观整车装配车间的中学生，讲解员B先生为前来参观的同学介绍该车间既可以组装纯电动汽车，也可以组装混合动力汽车，还可以组装燃油汽车，小S同学提问："燃料电池汽车是否可以组装？燃料电池汽车是纯电动汽车、混动汽车还是燃油汽车呢？"

学习目标

1. 了解燃料电池工作原理；
2. 掌握燃料电池特点及分类；
3. 掌握燃料电池的应用。

知识储备

一、燃料电池的工作原理

燃料电池最早由格罗夫（W. Grove）于 1839 年发明。20 世纪 50 年代，培根（F. T. Bacon）成功开发了多孔镍电极，并制备了 5 kW 碱性燃料电池系统，这是第一个实用性燃料电池。20 世纪 90 年代，质子交换膜燃料电池（PEMFC）采用立体化电极和薄的质子交换膜之后，技术取得一系列突破性进展，加快了燃料电池的实用化进程。

燃料电池

燃料电池与普通化学电池类似，两者都是通过化学反应将化学能转换成电能。然而从实际应用角度，两者之间存在着较大差别。普通电池是将化学能储存在电池内部的化学物质中，当电池工作时，这些物质发生反应，将储存的化学能转变成电能，直至这些物质全部发生反应。因此实际上，普通的电池只是一个有限的电能输出和储存装置。但是燃料

燃料电池结构

电池与常规化学能源不同，它更类似于汽油或柴油发动机。它就像个工厂的厂房，将存储在燃料中的化学能转化成电能。它的燃料不是储存在电池内，而是储存在电池外的储罐中。当电池发电时，需连续不断地向电池内送入燃料和氧化剂，排出反应生成物，见图 3-27。燃料电池本身只决定输出功率的大小，其发出的能量由储罐内燃料与氧化剂的量来决定。因此，确切地说，燃料电池是一个适合车用的、环保的氢氧发电装置。

图 3-27　氢-氧燃料电池电能转化

在燃料电池中，氢气的"燃烧"反应可以分解成两个半化学反应：

$$H_2 \rightleftharpoons 2H^+ + 2e^- \tag{3-14}$$

$$\frac{1}{2}O_2 + 2H^+ + 2e^- \rightleftharpoons H_2O \tag{3-15}$$

将这两个反应从空间上分隔开来，由燃料转换而来的电子在上述反应完成之前通过外电路流出（构成电流）并用以做功。这个空间隔离是由电解质来实现的。电解质是一种只允许离子（带电的原子或原子团）流过而不允许电子流过的材料——质子交换膜。一个燃料电池至少应该有两个电极，它们是两个半电化学反应的地方，电解质把它们隔开来。如图 3-28 所示。

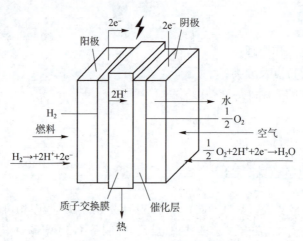

图 3-28　燃料电池基本原理

二、燃料电池的特点和分类

1. 燃料电池的特点

燃料电池是一个"工厂"，只要有燃料提供就会发电，所以它与内燃机有一些共同的特性。另外，燃料电池是依靠电化学原理工作的电化学能量转化装置，所以它又与原电池有一些共同的特性。事实上，燃料电池结合了内燃机和电池的许多优点。

（1）能量转换效率高。燃料电池是"化学工厂"，是将存储在燃料中的化学能转化成有用的机械能或电能，因此其能量转换效率不受"卡诺循环"的限制，燃料电池的能量效率通常为 40%~60%；如果废热被捕获使用，其热电联产的能量效率可高达 97%。

（2）环境友好。燃料电池几乎不排放氮和硫的氧化物，二氧化碳的排放量也比常规发电厂减少 40% 以上；工作时声音非常小，噪声污染小。对氢燃料电池而言，其化学反应产物仅为水，无大气污染物排放，可实现零污染。

（3）使用寿命长。通常的化学电池氧化剂和还原剂共存于一个电池体中，电池使用寿命比较短，燃料电池则是储存在电池外部的储罐中。理论上，如果不间断供给燃料，电池就能实现长时间的不间断供电。

（4）燃料多样。虽然燃料电池的工作物质主要是氢，但它可用的燃料有煤气、沼气、天然气等气体燃料，甲醇、轻油、柴油等液态燃料，甚至包括洁净煤。可以因地制宜采用不同燃料或组合，达到就地取材、节省资金的目的。

（5）比能量高。燃料电池电堆相当于一个发动机，它决定电动汽车的功率，也就是速度和加速性，而燃料电池系统的整体能量则取决于"油箱"，也就是储氢系统所储存的氢气质量。

2. 燃料电池分类

根据电解质的不同，燃料电池可分为五大类型：碱性燃料电池；质子交换膜燃料电池；

磷酸型燃料电池；碳酸型燃料电池；固体氧化物燃料电池。不同燃料电池的分类及应用场景如图 3-29 所示。

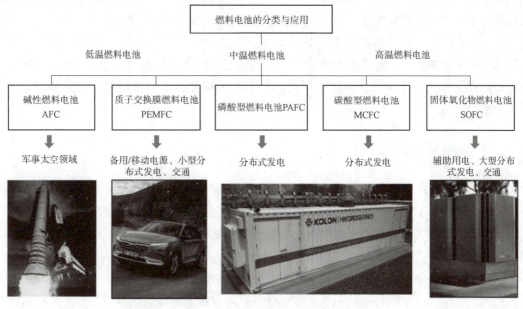

图 3-29　燃料电池应用

虽然这五类燃料电池都是基于相同的电化学基本原理，但它们工作在不同的温度区域，使用不同的材料，而且对燃料的抗毒性以及性能特性也不同。下面对绝大多数车用燃料电池使用的聚合物电解质膜燃料电池（PEMFC）进行简要介绍。它在所有燃料电池类型中表现了最高的功率密度，具有最快速起动和开关循环特性。因此，它很适用于便携式电源和运输工具。大多数汽车公司开发的燃料电池也都着重于 PEMFC。图 3-30 展示了一张由 PEMFC 驱动的丰田 Mirai 燃料电池汽车的传动系统的布局图片。

图 3-30　丰田 Mirai 燃料电池汽车的传动系统的布局

丰田 Mirai 行驶里程达到 312 mi[①]，电堆功率密度达到了 3.1 kW/L 的水平，这个功率指标已经非常接近汽油机，储氢罐可以储存 5 kg 氢气，整个燃料电池系统的能量密度超过 350 Wh/kg，续航里程达到了 650 km 的水平。该款燃料电池汽车采用丰田专利的小型轻量化燃料电池堆叠技术，并配置了设计在车体下方的 70 MPa 高压储氢罐。

燃料电池应用中的"瓶颈"主要是成本高。不过随着燃料电池催化剂使用量的减少以及整体开发设计的优化，其价格和使用成本将以每年 20% 的速度减少，丰田 Mirai 燃料电池汽车初始售价为 58 365 美元，丰田计划至 2030 年燃料电池汽车的价格可以下降至同等级别混动车型的价格。

三、燃料电池系统的组成

在氢燃料电池产业链中，上游是氢气的制取、运输和储藏，在加氢站对氢燃料电池系统进行氢气的加注；下游是燃料电池的应用场景，主要包括便携应用、固定应用、交通运输三个领域；中游是最关键的氢燃料电池系统，将电堆和配件两大部分进行集成，形成氢燃料电池系统。

任何一个燃料电池系统的最终目标都是在合适的时间为合适的场合提供适量的动力。为了达到这个目标，一个燃料电池系统通常包括带有一套附属配件的燃料电池组。需要燃料电池组是因为单个燃料电池在正常电流水平只能提供 0.6~0.7 V 的电压（这是由燃料电池中发生反应的热力学决定的），除此之外的其他配件是用于维持电池的正常运行。这些配件包括提供燃料供应、冷却、功率调节、系统监控等装置。通常，这些附属装置所占用的空间（和花费）与燃料电池本身相当，甚至更多，图 3-31 所示为一个典型的 PEMFC 燃料电池系统的组成。

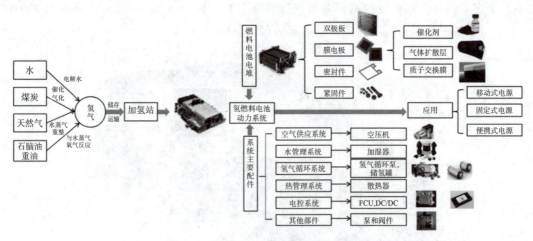

图 3-31　PEMFC 燃料电池系统的组成

燃料电池系统是燃料电池汽车最基本的、最核心的部分。燃料电池汽车与动力电池汽车

---

① 　1 mi ≈ 1.609 km。

最大的不同是利用了氢氧反应生电。燃料电池系统主要由电堆、燃料处理器、氢气循环系统、热管理系统和空气压缩机组成。每一个系统组成部件都有其特有的关键技术，其中电堆技术最为关键。

为了满足一定的输出功率和输出电压的需求，通常将燃料电池单体按照一定的方式组合在一起构成燃料电池堆（图3-32），并配置相应的辅助设备（BOP，Balance of Plant），同时在燃料电池控制单元的控制下，实现燃料电池的正常运行，共同构成燃料电池系统。用作车辆动力源的燃料电池系统称为燃料电池发动机。燃料电池堆是燃料电池发动机的核心，BOP维持电堆持续稳定安全地运行。燃料电池发动机辅助系统主要包括空气压缩机、燃料电池用加湿器、氢气循环泵、压力调节器和系统控制单元。

图3-32　燃料电池电堆

燃料电池堆包括电极、质子交换膜（PEM）、双极板、气体扩散层（GDL）、端板等部件。其中，电极、PEM和GDL集成在一起成为膜电极（MEA），它是堆的主要部件。电极是PEM和GDL之间具有电传导性的一层加压薄层，也是电化学反应发生的地方。PEM是阴极催化层和阳极催化层之间的一层薄膜，是氢质子传导的介质，PEM的性能直接影响整个电堆的性能。双极板用于支撑膜电极，并收集单电池电流。所有的单电池通过双极板串联在一起，以提供满足车用动力需求的电功率。

燃料电池系统控制技术是燃料电池最为关键的技术之一。燃料电池的耐久性是燃料电池汽车问题的关键所在，而耐久性好不好，很大一部分取决于控制系统。经过大量的研究表明，影响燃料电池寿命的关键因素有：动态工况、起动、连续怠速等，这些因素都是通过系统控制最终决定的。

四、燃料电池的应用

根据国际能源署（IEA）的研究报告预测，到2050年，氢将能够满足全球18%的终端能源需求。氢燃料电池汽车具有车辆使用阶段"零排放"、能源的高效利用、续驶里程长、燃料加注时间短等优势，如果使用可再生能源制氢，燃料电池汽车甚至能实现全生命周期零排放。近年来，燃料电池在研究、开发和商品化方面取得了巨大突破，给汽车工业和能源工

业的变革带来了新的希望。发达国家都将大型燃料电池的开发作为重点研究项目，企业界也纷纷斥以巨资，从事燃料电池技术的研究与开发，现在已取得许多重要成果。2 MW、4.5 MW、11 MW 成套燃料电池发电设备已进入商业化生产，各等级的燃料电池发电厂相继在一些发达国家建成。

在电动汽车应用方面，汽车工业发达国家，如美国、日本等均制定了燃料电池汽车发展规划，各大汽车公司纷纷投入巨资支持开发燃料电池汽车。日本丰田、德国戴姆勒克莱斯勒已经在日本和美国将燃料电池汽车交付用户试用。燃料电池汽车的商业化示范运行在全球范围内蓬勃开展，主要目的在于进行技术检验和提高公众认知程度，最著名的包括美国加利福尼亚燃料电池伙伴计划、欧洲八国十城市洁净交通示范项目、日本的氢能燃料电池示范项目和联合国燃料电池公共汽车示范项目。

我国持续支持燃料电池汽车的研发和产业化，研制样车的部分技术指标达到或接近国际先进水平。北京市计划依托 2022 年冬奥会及冬残奥会，建设氢燃料电池汽车示范工程。如图 3-33 所示，应用燃料电池汽车，在延庆等山地赛区承担观众或工作人员的运送服务；延庆赛区赛时燃料电池车的客运服务应用规模计划为 212 辆，赛后车辆则用于区内、与市区连接的公交服务用车。

图 3-33　北京冬奥燃料电池巴士

燃料电池在汽车、不间断电源及军事领域都有应用，关于汽车领域，表 3-5 列举了国外已商业化的氢燃料电池乘用车，交通工具领域应用介绍如下。

表 3-5　国外已商业化的氢燃料电池乘用车

制造商	车型	汽车图片	简介	特点参数
现代	Tucson FCEV（北美）ix35 FCEV（韩国、欧洲）		第一辆 Tucson FCEV 在加拿大售出，截至 2015 年 5 月共销售 70 辆。2019 年年初，现代销售了第一辆新一代 Nexo 氢燃料电池车	50 mi/GGE 265 mi 里程 100 kW 电池堆

制造商	车型	汽车图片	简介	特点参数
丰田	Mirai		2015 年销售 700 辆，400 辆在日本本土销售。丰田 Mirai 已在日本、美国加州、英国、丹麦、德国、比利时和挪威销售。截至 2017 年 12 月，丰田 Mirai 全球共销售 5 300 辆	67 mile/GGE 312 mi 里程 114 kW 电池堆
本田	Clarity Fuel Cell		2016 年 3 月开始在日本本土销售。截至 2018 年年底，有超过 1 000 辆汽车在加州运行	300 mi 里程 100 kW 电池堆

（1）轻型汽车。目前以丰田和现代为代表的企业已经在全球推出了超过万台的燃料电池汽车。此外，戴姆勒/梅萨德斯-奔驰、BMW、通用汽车（GM）、大众等都在跟进研发燃料电池汽车技术，大多采取与其他企业合作的模式，由于加氢站建设进展缓慢，目前这些企业多处在研发阶段。

（2）燃料电池巴士。"欧洲城市清洁氢能项目"从 2010 年持续到 2016 年年底，参与的城市也正在计划扩大技术的应用范围。巴拉德动力系统公司与中国公司签订了数个大型合同，并在美国、欧洲收到燃料电池巴士合同。丰田公司也在部署新一代燃料电池业务，2018 年，丰田在日本国内首次获得燃料电池巴士"SORA"的车型认证，现已开始正式销售。与此同时，丰田在 2020 年东京奥运举行之前，为东京市区引入 100 辆燃料电池巴士"SORA"。SORA 搭载了与丰田首款氢燃料汽车 Mirai 相同的 TFCS 燃料电池系统，其动力总成包括两个 114 kW 的燃料电池组和双电机驱动，电机最大功率为 113 kW。为 SORA 提供动力源的是总容量达 600 L 的 10 个储氢罐，同时配备了一块镍氢电池以应对紧急措施。

（3）叉车。北美一些新的企业的订单都超过了 100 个电池单元/站点。最早北美地区使用燃料电池叉车进行货物搬运，后来法国和比利时的公司也采购了这种叉车。据美国能源部 2016 年 5 月统计显示，美国 26 个州的氢燃料电池叉车数量已经超过了 11 000 辆，年复合增速高达 56%。目前，大阪关西国际机场宣布全部更换成燃料电池叉车；沃尔玛是燃料电池叉车的顶级用户，在加拿大安大略的仓库有超过 3 000 辆燃料叉车。2017 年 4 月，亚马逊为其 11 个仓库的叉车配备氢燃料电池，从而以更快的速度充电、提高效率。

（4）其他交通工具。燃料电池能够提供的功率范围十分广泛，从瓦到千瓦级别都能够实现，使其越来越多地成为小型零排放交通工具的动力选择。在欧洲，燃料电池的使用范围扩展至轻型商用车（LCVs），并有两个商业生产的车型，此外还开始使用燃料电池为电动自行车提供动力。法国已经开始了小型试验，使用燃料电池自行车进行日常邮件递送服务。

任务实施

我们在上一阶段学习了燃料电池的基本原理、分类和应用。请结合课程内容并搜集资料，完成以下情景任务：

你是汽车装配车间的工程师，向前来参观的中学生介绍燃料电池汽车、纯电动汽车和混合动力汽车的区别与联系。

评价与考核

一、任务评价

任务评价见表3-6。

表3-6 任务评价

考核项目	评分标准	学生自评	小组互评	教师评价	小计
燃料电池汽车	区分与纯电动汽车、混合动力汽车的区别				
	生动形象及接受度				

二、任务考核

1. 是不是所有燃料电池都采用氢氧作燃料？
2. 燃料电池电动汽车其燃料电池系统由哪些部分组成？分别起什么作用？
3. 燃料电池除了驱动车辆之外，还具有哪些用途？

拓展提升

查找并阅读资料，梳理"氢能社会"的发展战略，并思考其于"碳达峰、碳中和"的价值。

任务3-4 知晓其他电池与储能装置

任务引言

某动力电池生产企业接待来企业综合展厅参观的中学生，讲解员 B 先生介绍了公司生产镍镉电池、镍氢电池、磷酸铁锂电池、三元电池的历史。小S同学提出："除了这几种电池，还有没有其他类型的电池可以驱动电动汽车呢？"

 **学习目标**

1. 了解空气电池原理及应用；
2. 了解钠离子电池原理及应用；
3. 了解超级电容原理及应用；
4. 了解超级飞轮电池原理及应用。

知识储备

一、空气电池

1. 原理和分类

锌空气电池是金属空气电池的一种，而金属空气电池是指以金属为燃料，与空气中的氧气发生氧化还原反应后产生电能的一种特殊燃料电池。其电池反应原理与氢燃料电池不同，作为汽车动力来源时驱动过程相似。

锌空气电池结构

锌空气电池的发明已经有上百年的历史，以其能量高、资源丰富等优点而被公认为优秀的电池之一，被称为"面向21世纪的新型绿色能源"，具有良好的发展和应用前景。锌空气电池结构如图3-34所示，主要由空气电极、电解液和锌阳极构成。锌空气电池以空气中的氧作为正极活性物质，金属锌作为负极活性物质，多孔活性炭作为正极，铂或其他材料作为催化剂，使用碱性电解质。氧气经多孔电极扩散层扩散到达催化层，在催化剂微团表面的三相界面处与水发生反应，吸收电子，生成 OH^-，阳极的锌与电解液中的 OH^- 发生电化学反应，生成 ZnO 和 H_2O，并释放出电子，电子被集电层收集起来，在外电路中产生电流。

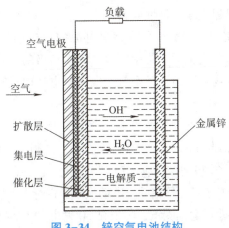

图3-34 锌空气电池结构

锌在电池介质中与空气中的氧发生氧化反应，产生电流供给外电路。锌作为负极活性物质，空气中的氧气作为正极活性物质，它通过载体活性炭做成的电极进行反应。锌空气电池阳极反应是锌的氧化反应，阴极反应是氧气的还原反应，其阴极反应与氢氧燃料电池中的阴极反应过程是一样的。

空气电极一般由催化层、集流体和防水层组成，通常使用以聚四氟乙烯黏结起来的活性炭、石墨等作为电化学反应的载体，正极以空气中的氧作为活性物质，在放电过程中，氧气在三相界面上被电化学还原为 OH^-。在弱酸性和中性介质中，空气电极的活性较差，且存在电极材料和催化剂容易腐蚀退化等问题，同时也不能满足大功率放电的需要。而在碱性介质中，空气电极具有较好的性能。因此，在碱性环境下工作的空气电极目前得到了较为广泛的应用。

锌空气电池根据其充电的方式，以及在电动汽车及其他领域上应用的特点可分为三类：直接再充式锌空气电池；机械充电式锌空气电池；注入式锌空气电池。

2. 特点与应用

锌空气电池的优点有：

（1）容量大。由于空气电极的活性物质——氧气来自周围的空气，材料不占用电池空间，更无须材料成本，在相同体积、重量的情况下，锌空气电池就储存了更多的反应原料，因而容量就会高出很多。

（2）能量密度高。锌空气金属燃料电池的理论比能量可达 1 350 Wh/kg，目前已研制成功的锌空气电池比能量已经可以达到 200 Wh/kg 以上，这个能量密度已经是铅酸电池的 5 倍。

（3）价格低廉。锌空气电池的阴极活性物质氧气来自周围空气，除了空气催化电极之外，不需要任何高成本的组件；阳极活性物质锌来源充足，资源丰富，价格便宜，并且如果实现了锌的回收利用，它的价格将进一步降低。

（4）储存寿命好。锌空气电池在储存过程中均采用密封措施，将电池的空气孔与外界隔绝，因而电池的容量损失极小，储存寿命好。

（5）锌可以回收利用、制造成本低。锌的来源丰富，生产成本较低。回收再生方便，回收再生成本也较低，可以建立废电池回收再生工厂。

（6）绿色环保。在使用中，锌空气金属燃料电池的正极消耗空气，负极消耗锌。在使用完毕后，正负极物质容易分离，便于集中回收，其中负极的电解锌可以直接加入电池重新使用。对于某些不便回收的场合，由于锌空气金属燃料电池内没有害物质，故即使抛弃它也不会造成环境污染。

1995 年，以色列电燃料有限公司首次将锌空气电池用于 EV 上，使得锌空气电池进入了实用化阶段。美国 Dreisback Electromotive 公司以及德国、法国、瑞典、荷兰、芬兰、西班牙和南非等多个国家也都在 EV 上积极地推广应用锌空气电池。国内部分厂家已经在注入式锌空气电池方面展开了多年的研究工作，并且在部分电动汽车上进行了实验性装车测试。北京市曾安排 5 辆电动大客车和环卫车进行运车测试，另安排 50 辆电动大客车和环卫车，在北京市政府指定的线路进行路试，投入市公交和环卫系统的试验运行，为市场运作提供可靠的依据。

二、钠离子电池

1. 原理与分类

20 世纪 70 年代末期，人们对钠离子电池和锂离子电池几乎同时开展研究工作。但是受当时研究条件的限制，以及研究者对锂离子电池的浓厚兴趣，使得钠离子电池在当时的研究处于缓慢和停滞状态。直到 2010 年后，钠离子电池才迎来了它的发展转折点，成为继锂离子电池之后的另一储能技术新星。近十年来，与锂离子电池具有类似的工作机理和电池结构的钠离子电池研究取得了突飞猛进的发展。从分类上看，钠离子电池包括钠硫电池、水系钠离子电池、有机钠离子电池、固态钠离子电池等。

钠硫电池（微课）

其中钠硫电池是一种由液体钠（Na）和硫（S）组成的熔盐电池。这类电池拥有高能量密度、高充/放电效率（89%~92%）和长寿命周期，并且由廉价的材料制造。由于本电池操作温度高达 300~350 ℃，而且钠的硫化物具有高度腐蚀性，其主要用于定点能量储存，电池越大则效益越高。工作过程在放电时：负极的钠（Na）释放出电子成为钠离子

钠硫电池（动画）

（Na^+），通过固体电解质向正极移动；正极的硫磺（S）和从外部回路的电子 Na^+ 发生化学反应，变化为多硫化钠（Na_2S_x）；从负极向外部回路被释放出的向正极移动的电子流变成为电力。充电时发生放电反应的逆反应，外部施加电压，正极的 Na_2S_x 分离为 Na 离子、S、电子；Na^+ 通过固体电解质，向负极移动；在负极 Na^+ 接收电子还原为 Na。

有机钠离子电池是另一种发展前景广受关注的钠电池。主要依靠钠离子在正极和负极之间移动来工作，与锂离子电池工作原理相似，如图 3-35 所示。在充放电过程中，Na^+ 在两个电极之间往返嵌入和脱出：充电时，Na^+ 从正极脱嵌，经过电解质嵌入负极；放电时则相反。

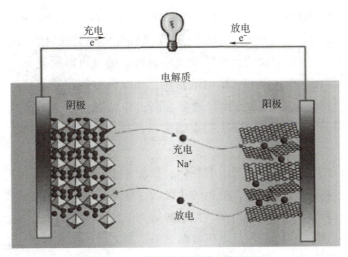

图 3-35 钠离子电池的工作原理

材料体系上，和锂离子电池相对比：正极有多元体系和磷酸体系（都不含锂）；负极石墨改用硬碳；隔膜无变化；电解液锂盐由六氟磷酸锂改用六氟磷酸钠，添加剂无变化，溶剂用到碳酸丙烯酯 PC；集流体铜箔改用铝箔。

2. 特点与应用

钠离子电池受到重视，其中一个原因是铅酸电池因其不可避免的环境污染及无法满足新国标，面临"退役"问题，而在二次电池中，锂离子电池的性能虽是最好，但锂资源的储量有限。目前 70% 的锂资源分布在南美洲，而现阶段我国 80% 锂资源依赖进口，锂离子电池难以满足巨大的产业需求。

产品特性上，钠离子电池目前单体能量密度可达到 160 Wh/kg（宁德时代），循环次数在 3 000 次左右；制造工艺和锂电池制造工艺接近，设备可以沿用锂离子电池电池产线，电池厂无重置成本；安全性优于锂电池，热失控温度比锂电池要高。

钠离子电池技术不仅满足新能源领域低成本、长寿命和高安全性能等要求，又由于钠离子电池的钠资源储量丰富、分布广泛、价格低廉、环境友好、较好的功率特性、宽温度范围适应性、安全性能好和兼容锂离子电池现有生产设备的优势等优点，在一定程度上可以缓解锂资源短缺引发的储能电池发展受限问题，是锂离子电池的优秀替代品。

某种程度上，钠离子电池可以替代铅酸电池，有望在低速电动车、电动船、家庭/工业储能、5G 通信基站、数据中心、可再生能源大规模接入和智能电网等多个领域快速发展，推动我国清洁能源技术应用的发展，提升我国在储能技术领域的竞争力和影响力。2021 年 7 月，宁德时代推出钠离子电池，提出总体上第一代钠离子电池的能量密度略低于目前的磷酸铁锂电池，但在低温性能和快充方面，具有明显的优势，特别是在高寒地区高功率应用场景。

三、超级电容

1. 原理与分类

超级电容器（简称超级电容），又叫作双电层电容器（Electrical Double-Layer Capacitor），是一种通过极化电解质来储能的电化学元件，但在储能的过程并不发生化学反应，其储能过程是可逆的，可以反复充放电数十万次。与传统的电容器和二次电池相比，超级电容的比功率是电池的 10 倍以上，储存电荷的能力比普通电容高，并具有充放电速度快、循环寿命长、使用温度范围宽、无污染等优点，是一种非常有前途的新型绿色能源。

超级电容（微课）

超级电容（动画）

超级电容在原理上与双电层原理电容相同，如图 3-36 所示。当外加电压加到超级电容的两个极板上时，与普通电容一样，极板的正极板存储正电荷，负极板存储负电荷，在超级电容的两极板上电荷产生的电场作用下，在电解液与电极间的界面上形成相反的电荷，以平衡电解液的内电场，这种正电荷与负电荷在两个不同向之间的接触面上，以正负电荷之间极短间隙排列在相反的位置上，这个电荷分布层叫作双电层，因此电容量非常大。超级电容的充放电过程始终是物理过程，没有化学反应，因此性能更加稳定。

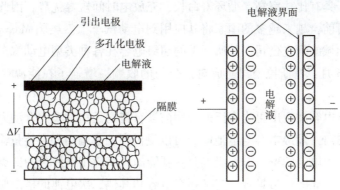

图 3-36   超级电容结构

超级电容可按不同方法分类。按工作原理，其可分为双电层型超级电容和赝电容型超级电容；按电解质类型，其可以分为水性电解质超级电容和有机电解质超级电容。

2. 特性和应用

由于双电层电容的充放电属于纯物理过程，其循环次数高，充电过程快，因此比较适合在电动车中应用。传统电容能以瞬间高功率将能量短时间释放出来，并且可以在微秒内完成充电，具有超长使用寿命，但其极低的比能量无法达到储能元件的需求。电池可将化学能转换成电能，比能量较高，已得到广泛使用，但转换过程受化学反应动力学限制，充放电时间长，否则电池材料会发生不可逆变化导致寿命缩短。

由于超级电容与传统电容相比，储存电荷的面积大得多，电荷被隔离的距离小得多，因此一个超级电容单元的电容量就高达几法至数万法，比能量为传统电容的 10 倍以上。与电池相比，由于采用了特殊的工艺，超级电容的等效电阻很低，电容量大且内阻小，使得超级电容可以有很高的尖峰电流，因此具有很高的比功率，且充放电时间短、充放电效率高、循环寿命长，这些特点使超级电容非常适合于短时大功率的应用场合。因而，超级电容填补了这两类元件之间的空白，传统电容、超级电容和电池的性能比较见表 3-7。

表 3-7   3 种储能元件的性能对比

性能	传统电容	超级电容	电池
充电时间	$1 \times 10^{-6} \sim 1 \times 10^{-3}\,s$	$1 \sim 60\,s$	$1 \sim 3\,h$
放电时间	$1 \times 10^{-6} \sim 1 \times 10^{-3}\,s$	$1 \sim 60\,s$	$\geqslant 0.5\,h$
比能量/$(W \cdot h \cdot kg^{-1})$	<0.1	$1 \sim 20$	$20 \sim 100$
比功率/$(W \cdot kg^{-1})$	$>1 \times 10^4$	$1 \times 10^3 \sim 1 \times 10^4$	$50 \sim 300$
充放电效率	约 1.0	$0.9 \sim 1.0$	$0.75 \sim 0.95$
循环寿命/次	$>10^6$	$>10^5$	$500 \sim 2\,000$

超级电容具有与电池不同的充放电特性。在相同的放电电流情况下，电压随放电时间呈线性下降的趋势。这种特性使超级电容的剩余能量预测以及充放电控制相对于电池的非线性特性曲线简单了许多。

超级电容由于具有比功率高、循环寿命长、充放电时间短等优势，因此成为一种理想的电动汽车电源。目前，越来越多的国家将其应用到电动汽车上。美国 Maxwell 公司是电化学电容器这一技术领域的领先公司，其所开发的超级电容在各种类型电动汽车上都得到了良好的应用。2019 年 5 月，特斯拉公司完成对该公司的收购，增强了在能源存储和电力输送方面的技术实力。

近年来，超级电容展现出更为广泛的应用前景，特别是在发展混合动力或纯电动汽车领域的应用（图 3-37）。超级电容与电池联合可以提供高功率输出和高能量输出，既减小了电源的体积，又延长了电池的寿命。超级电容在新能源汽车应用具体分为四类：一是作为动力设备，既节能环保又兼顾城市景观；二是超级电容和其他二次电池的搭配使用，用在混合电动车上；三是作为发动机的辅助驱动，在汽车快速起动时提供较大的驱动电流，减少了油耗和不完全燃烧的污染排放；四是对制动能量进行回收利用，当汽车需要加速时，再将这些储存的能量释放出来，提高了能源的使用效率。

图 3-37　超级电容驱动电动客车

四、飞轮电池

1. 原理与构造

飞轮电池是一种新型的机械储能装置，利用高速旋转的飞轮将能量以动能的形式存储起来。超高速飞轮储能电池的概念起源于 20 世纪 70 年代中期，是伴随着当时能源危机导致的电动汽车研发热潮出现的，最初的应用对象就是电动汽车。但由于当时各种技术的限制，没有得到实

超高速飞轮

际的应用。直到 20 世纪 90 年代，由于电路拓扑思想的发展，碳纤维材料的广泛应用，这种物理储能型电池得到了高速发展，并且伴随着轴承技术的发展，展示出广阔的应用前景。

超高速飞轮电池储能是基于飞轮以一定角速度旋转时，可以储存动能的基本原理。充电时，飞轮电池中的电机以电动机形式运转，在外电源的驱动下，电机带动飞轮高速旋转，即用电给飞轮电池"充电"，增加了飞轮的转速；放电时，电机则以发电机状态运转，在飞轮的带动下对外输出电能，完成机械能到电能的转换。飞轮电池的飞轮是在真空环境下运转的，转速可达到 200 000 rad/min。

　　飞轮电池技术主要涉及复合材料科学、电力电子技术、磁悬浮技术、超真空技术、微电子控制系统等学科，具有明显的多学科交叉和集成特点。飞轮电池主要由以下几部分组成，即复合材料飞轮、集成的发电机/电动机、支撑轴承、电力电子及其控制系统、真空腔、辅助轴承和事故屏蔽容器。典型的飞轮储能电池结构如图 3-38 所示，其基本工作原理如图 3-39 所示。

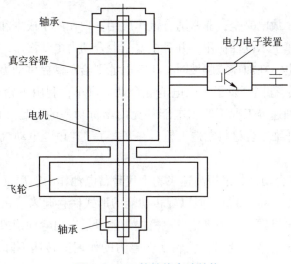

图 3-38　飞轮储能电池结构

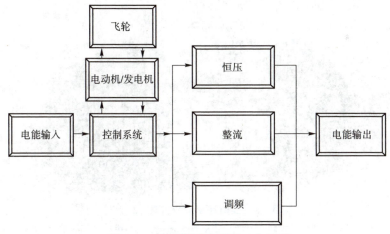

图 3-39　飞轮储能电池的工作原理

2. 特性与应用

　　同蓄电池相比较，飞轮电池具有更高的比能量和比功率，且充电时间短、使用寿命长，无过度充放电问题。因此，可将飞轮电池应用于电动汽车中，使飞轮电池和蓄电池共同提供或吸收汽车运行中的峰值功率。在特性上，飞轮电池兼顾了化学电池、燃料电池和超导电池等储能装置的诸多优点，主要表现在以下几个方面：①能量密度高。②能量转换效率高。③工作温度范围宽。④使用寿命长。⑤低损耗、低维护。

飞轮电池在包括在人造卫星、飞船、空间站等航空航天方面都有实际应用，一次充电可以提供同重量化学电池两倍的功率，同负载的使用时间为化学电池的 3~10 倍。同时，因为它的转速是可测可控的，故可以随时查看剩余电能。美国太空总署已在空间站安装了 48 个飞轮电池，联合在一起可提供超过 150 kW 的电能。作为稳定电源，可提供几秒到几分钟的电能，这段时间足以保证工厂进行电源切换，因此飞轮电池可作为不间断电源使用。

飞轮电池充电快、放电完全，非常适合汽车应用。现在由于成本和小型化的问题，其仅在部分电动汽车和火车上示范性应用，并且主要是混合动力电动汽车。车辆在正常行驶或制动时，给飞轮电池充电，在加速或爬坡时，飞轮电池则给车辆提供动力，保证发动机在最优状态下运转。1987 年，德国开发了飞轮电池混合动力汽车，利用飞轮电池吸收 90% 的制动能量，并在需要短时加速等工况下输出电能补充内燃机功率的不足。1992 年，美国飞轮系统公司（ASF）采用纤维复合材料制造飞轮，并开发了飞轮电池电动汽车，该车一次充电续驶里程达到 600 km。

保时捷 911GT3 混合动力版采用高速飞轮来代替蓄电池作为能源（图 3-40），其飞轮转速最高可达 40 000 rad，从而将机械能以旋转动能的形式储存起来。在车手制动时，前桥上的两个电动机充当发电机作用，为飞轮发电机提供能量。在出弯加速或超车时，驾驶员可以将飞轮发电机中的能量释放。此时，飞轮在电磁力的作用下转速下降，它的动能转化为电能，提供给前桥两个电动机 120 kW 的功率。在这套系统中，电力驱动前桥上的两个电动机将分别产生 60 kW/82 马力①的功率，成为车尾 4.0 L 水平对置六缸发动机的补充。

图 3-40 保时捷 911GT3 混合动力版

1，5—混合动力控制系统；2—前桥双电机；3—高压电缆；4—飞轮电池

作为一种新兴的储能方式，飞轮电池拥有传统化学电池所无法比拟的优点，符合未来储能技术的发展方向。目前，飞轮电池除了上面介绍的应用领域以外，也正在向小型化、低廉化的方向发展。可以预见，伴随着技术进步，飞轮电池将在未来的各行各业中发挥重要的作用，展现其独特的魅力。

---

① 1 马力 ≈ 0.735 kW。

任务实施

我们在上一阶段学习空气电池、钠离子电池以及超级电容等其他不常见的电池类型与储能装置。请结合课程内容并搜集资料，完成以下情景任务：

你是某动力电池生产企业展厅讲解员，请向前来参观的中学生介绍铅酸电池、镍氢电池、锂离子电池、燃料电池之外的电池与储能装置的基本情况。

评价与考核

一、任务评价

任务评价见表3-8。

表3-8 任务评价

考核项目	评分标准	学生自评	小组互评	教师评价	小计
其他电池 与储能装置	介绍内容准确与否				
	生动形象及接受度				

二、任务考核

1. 绘制典型动力电池特性和应用思维导图。
2. 空气电池有哪些？是否也是燃料电池？
3. 作为动力来源，超级电容和锂离子电池有何区别？
4. 超高速飞轮可否单独作为电动汽车的能量来源？

拓展提升

查找资料，找出至少一种教材介绍范围之外的电池，叙述其基本工作原理和应用情况。

项目四　动力电池管理系统

对电动汽车而言，对电池组充放电的有效控制，可以达到增加续驶里程，延长使用寿命，降低运行成本的目的，并可保证动力电池组应用的安全性和可靠性。此项工作是由电池管理系统（Battery Management System，BMS）来完成的，它是电动汽车不可缺少的核心部件之一。

如图4-1所示，本项目将介绍电池管理系统功能和构成信息采集方法、电量管理、均衡管理、热管理、安全管理和数据通信等方面的知识。通过本项目学习，读者将了解动力电池驱动评价和测试的知识，为接下来典型电池特性学习项目打下基础。

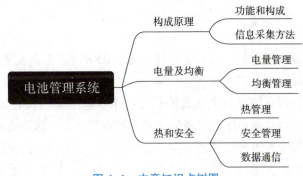

图4-1　本章知识点树图

 社会能力

1. 树立电池整体管理和统一协调的意识；
2. 具有较强的分析问题并撰写分析报告（报表）的能力；
3. 强化汇报沟通的能力；
4. 小组协同学习能力。

方法能力

1. 通过查询资料完成学习任务，提高资源搜集的能力；
2. 通过完成电池管理系统程序设计，提高 BMS 程序开发的能力；
3. 通过完成学习任务，提高解决实际问题的能力。

任务 4-1　了解电池管理系统构成原理

任务引言

小 D 对传统燃油汽车非常熟悉，知道各种燃油表的指示原理，但是他不知道电动汽车的剩余电量（能量）也能在显示屏幕上显示出来的原理。你可否帮他解决这个疑惑？

学习目标

1. 理解电池管理系统的作用；
2. 了解电池管理系统的各个功能模块；
3. 掌握电池信息采集的方法。

知识储备

电池管理
系统的作用

一、基本功能和构成

国内外众多新能源汽车企业都将电池管理系统（BMS）作为企业最核心的技术来看待，大家熟知的特斯拉电动汽车"三大件"中，电池来自松下（及 CATL），电机来自我国台湾供应商，而只有电池管理系统是自主研发的核心技术，其申请的核心知识产权大都与 BMS 相关，由此也可见，电池管理系统对于新能源汽车的重要性。中国动力电池及整车企业在发展过程中，也十分重视电池管理系统的研发，并且取得了非常优异的成绩。

早期电池管理系统仅仅进行电池一次测量参数（电压、电流、温度等）的采集，之后发展到二次参数（SOC、内阻）的测量和预测，并根据极端参数进行电池状态预警。现阶段，电池管理系统除完成数据测量和预警功能外，还通过数据总线直接参与车辆状态的控制。

电池管理系统是电池保护和管理的核心部件，图 4-2 所示为某电动汽车动力电池的电池管理系统。它不仅要保证电池安全可靠的使用，而且要充分发挥电池的能力和延长使用寿命，作为电池和整车控制器以及驾驶者沟通的桥梁，通过控制接触器控制动力电池组的充放电，并向 VCU 上报动力电池系统的基本参数及故障信息。

图4-2　电池管理系统外观

典型电池管理系统结构主要分为主控模块和从控模块两大块。具体来说，由中央处理单元（主控模块）、数据采集模块、数据检测模块、显示单元模块、控制部件（熔断装置、继电器）等构成。在功能上，电池能量管理系统主要包括数据采集、电池状态计算、能量管理、安全管理、热管理、均衡控制、通信功能和人机接口。图4-3所示为电池管理系统（BMS）功能示意图。

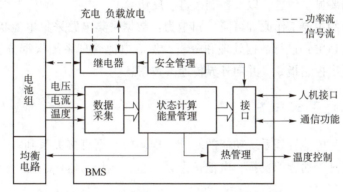

图4-3　电池管理系统（BMS）功能示意图

1）数据采集

电池管理系统的所有算法都是以采集的动力电池数据作为输入的，采样速率、精度和前置滤波特性是影响电池系统性能的重要指标。电动汽车电池管理系统的采样速率一般要求大于200 Hz（50 ms）。

2）电池状态计算

电池状态计算包括电池组荷电状态（SOC）和电池组健康状态（SOH）两方面。SOC用来提示动力电池组剩余电量，是计算和估计电动汽车续驶里程的基础。SOH用来提示电池技术状态、预计可用寿命等健康状态的参数。

3）能量管理

其主要包括以电流、电压、温度、SOC和SOH为输入进行充电过程控制和以SOC、SOH和温度等参数为条件进行放电功率控制两个部分。

4）安全管理

安全管理即监视电池电压、电流、温度是否超过正常范围，防止电池组过充过放。现在

对电池组进行整组监控的同时，多数电池管理系统已经发展到对极端单体电池进行过充、过放、过热等安全状态管理。

5）热管理

热管理即在电池工作温度超高时进行冷却，低于适宜工作温度下限时进行电池加热，使电池处于适宜的工作温度范围内，并在电池工作过程中总保持电池单体间温度均衡。

6）均衡控制

电池的一致性差异导致电池组的工作状态是由最差电池单体决定的。在电池组各个电池之间设置均衡电路，实施均衡控制是为了使各单体电池充放电的工作情况尽量一致，从而提高整体电池组的工作性能。

7）通信功能

通过电池管理系统实现电池参数和信息与车载设备或非车载设备的通信，为充放电控制、整车控制提供数据依据是电池管理系统的重要功能之一，根据应用需要，数据交换可采用不同的通信接口，如模拟信号、PWM 信号、CAN 总线或 I^2C 串行接口。

8）人机接口

根据设计的需要显示信息，以及控制按键、旋钮等。

电池管理系统的主要工作原理可简单归纳为：数据采集电路采集电池状态信息数据后，由电子控制单元（ECU）进行数据处理和分析，然后电池管理系统根据分析结果对系统内的相关功能模块发出控制指令，并向外界传递参数信息。

二、电池信息采集方法

电池信息采集是电池管理系统功能的基础，准确的数据直接关系到电量管理、安全管理等功能的发挥，电池信息采集包括电压、电流、温度、烟雾信息等。

电池管理系统
信息采集

1. 电压采集

电池最基础的信息是电池电压，单体电压采集是电池组管理系统中的重要一环，其性能的好坏或精度决定了系统电池状态信息判断的精确程度，并进一步影响后续控制策略能否有效实施。常用的单体电压检测方法如下：

1）继电器阵列法

图 4-4 所示为基于继电器阵列法的电池电压采集电路原理框图，由端电压传感器、继电器阵列、A/D 转换芯片、光耦、多路模拟开关等组成。如果需要测量 n 块串联成组电池的端电压，则需要 $n+1$ 根导线引入电池组各节点中。当测量第 m 块电池的端电压时，单片机发出相应的控制信号，通过多路模拟开关、光耦和继电器驱动电路选通相应继电器，将第 m 和 $m+1$ 根导线引入 A/D 转换芯片。在所需要测量的电池单体电压较高且对精度要求也高的场合适合使用继电器阵列法。

2）恒流源法

恒流源电路进行电池电压采集的基本原理是：在不使用转换电阻的前提下，将电池端电压转化为与之呈线性变化关系的电流信号，以此提高系统的抗干扰能力。在串联电池组中，

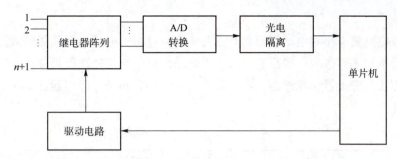

图 4-4　基于继电器阵列法的电池电压采集电路原理框图

由于电池端电压也就是电池组相邻节点间的电压差。出于设计思路和应用场合的不同，恒流源电路有不同的形式，图 4-5 所示为运算放大器和场效应管组合构成的减法运算恒流电路。由运放的结构可知，该电路是具有高开环放大倍数并带有深度负反馈结构的多级直接耦合放大电路，其结构简单，共模抑制能力强，采集精度高，具有很好的实用性。

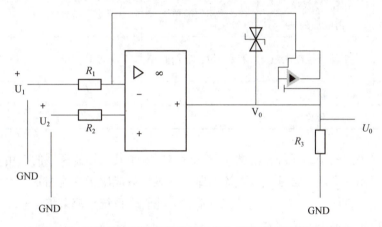

图 4-5　运算放大器和场效应管组合构成的减法运算恒流电路

3）隔离运放采集法

隔离运算放大器是一种能够对模拟信号进行电气隔离的电子元件，广泛用于工业过程控制中的隔离器和各种电源设备中的隔离介质。其一般由输入和输出两部分组成，二者单独供电，并以隔离层划分，信号从输入部分调制处理后经过隔离层，再由输出部分解调复现。隔离运算放大器非常适合应用于电池单体电压采集，它能将输入的电池端电压信号与电路隔离，避免了外部干扰从而提高单体电压采集的精度，可靠性强。虽然该电路性能优越，但是成本费用高影响了它应用的广泛性。

4）线性光耦合放大电路采集法

基于线性光耦合器件的电池单体电压采集电路实现了信号采集端和处理端之间的隔离，从而提高了电路的稳定性与抗干扰能力。线性光耦两端需要使用不同的独立电源，因此该种电路不仅具有很强的隔离能力和抗干扰能力，还使模拟信号在传输过程中保持了较好的线性度，因此可以与继电器阵列或选通电路配合使用于多路采集系统中。但是其电路相对复杂，影响精度的因素较多。

2. 电流采集

电池充放电电流大小对电池管理具有重要意义，可用于电量管理和功率估算、防止过充及过放电，是电池工作过程中的重要参数，因此需要对电流信号进行测量和实时监控。常用的电流检测方法有分流器、互感器、霍尔元件电流传感器和光纤传感器等4种，各种方法的特点见表4-1。

表 4-1　不同电流采集方法特点对比

项目	分流器	互感器	霍尔元件电流传感器	光纤传感器
插入损耗	有	无	无	无
布置形式	需插入主电路	开孔、导线传入	开孔、导线传入	—
测量对象	直流、交流、脉冲	交流	直流、交流、脉冲	直流、交流
电气隔离	无隔离	隔离	隔离	隔离
使用方便性	小信号放大，需隔离处理	使用较简单	使用简单	—
适合场合	小电流、控制测量	交流测量、电网监控	控制测量	高压测量，电力系统常用
价格	较低	低	较高	高
普及程度	普及	普及	较普及	未普及

以上各种采集方法中，光纤传感器昂贵的价格影响了其在控制领域的应用；分流器成本低、频响好，但使用麻烦，必须接入电流回路；互感器只能用于交流测量；霍尔元件电流传感器性能好，使用方便。目前，在电动汽车动力电池管理系统电流采集与监测方面应用较多的是分流器和霍尔元件电流传感器。

3. 温度采集

温度对电池性能的影响是不可忽略的，比如电池在低温环境下性能会出现明显的衰减，不利于能量的输出，电池温度过高则有可能引发热失控，形成安全隐患。采集温度的关键在于如何选择合适的温度传感器。

1）热敏电阻采集法

热敏电阻采集法的原理是利用热敏电阻阻值随温度的变化而变化的特性，用一个定值电阻和热敏电阻串联起来构成一个分压器，从而把温度的高低转化为电压信号，再通过模/数转换得到温度的数字信息。热敏电阻成本低，但是线性度不好，而且制造误差一般也较大。

2）热电偶采集法

热电偶的作用原理是双金属体在不同温度下会产生不同的热电动势，通过采集这个电动势的值就可以通过查表得到温度值。由于热电动势的值仅和材料有关，因此热电偶的准确度很高。但是由于热电动势都是毫伏等级的信号，因此需要放大，外部电路比较复杂，且一般用于高温的测量。

3）集成温度传感器采集法

由于温度测量运用越来越广泛，半导体生产商们推出了许多集成温度传感器，如 DS18B20（图4-6）、TMP35等。这些温度传感器虽然很多都是基于热敏电阻式的，但在生产过程中进行了校正，所以精度可以媲美热电耦，而且直接输出数字量，由于批量生产故价格非常便宜。

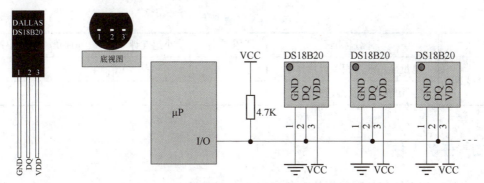

图4-6　DS18B20测温芯片外观及其典型应用电路

4. 烟雾采集

电动汽车在行驶或充电过程中由于外界及电池本身问题，可能由于过热、挤压和碰撞等原因而导致电池出现冒烟或起火等极端事故，如果不能及时发现并得到有效处理，势必导致事故进一步扩大，对周围电池、车辆以及车上人员构成威胁，严重影响到车辆运行的安全。为防患于未然，近年来烟雾检测被引入电池管理系统的监测，并越来越受到重视。

烟雾传感器种类繁多，如半导体烟雾传感器、接触燃烧烟雾传感器、热导烟雾传感器、光干涉烟雾传感器、红外烟雾传感器等。由于烟雾的种类繁多，一种类型的烟雾传感器不可能检测所有的气体，通常只能检测某一种或某几种特定性质的烟雾。例如，半导体烟雾传感器主要检测各种还原性烟雾，如 CO、H_2、乙醇（C_2H_5OH）、甲醇（CH_3OH）等；固体电解质烟雾传感器主要用于检测无机烟雾，如 O_2、CO_2、H_2、Cl_2、SO_2 等。

在动力电池上应用，需要了解电池燃烧产生的烟雾过程，在此基础上进行传感器的选择。一般电池燃烧产生大量 CO 和 CO_2，因此可以选择对这两种气体敏感的传感器。在传感器结构上需要适应于车辆长期应用的振动工况，防止路面灰尘、振动等引起的传感器的误动作。

动力电池管理系统中烟雾报警装置应安装于驾驶员控制台，在接收到报警信号时，迅速发出声光报警和故障定位，保证驾驶员能够及时发现和接收到报警信号。

任务实施

我们在上一阶段了解了电池管理系统的各个功能模块以及电池数据采集的方法，请结合学习内容，完成以下情景任务：

小D希望能够了解电动汽车如何能够显示出电池电量，请从电池数据采集、状态计算和人机接口几个模块的作用，帮助小D搞清楚电池电量在显示屏上显示的机理。

 评价与考核

一、任务评价

任务评价见表4-2。

表4-2 任务评价

考核项目	评分标准	学生自评	小组互评	教师评价	小计
电量显示	电量显示涉及相关模块作用				
	语言组织及沟通效果				

二、任务考核

1. 电池管理系统包括哪些模块？各自有什么作用？
2. 电池数据采集包括哪些？其中电流采集有哪些方法？
3. 为什么要进行电池温度和烟雾采集？

拓展提升

思考问题：如果电动汽车没有电池管理系统会怎样？

任务4-2　掌握电量及均衡管理

任务引言

小A打开一辆共享汽车，仪表显示还有50 km续航的剩余电量，他上了高速在行驶30 km即将下高速的时候，车辆显示电量不足，不能正常行驶，只好寻求拖车帮助。那么产生这种现象的原因可能是什么呢？

学习目标

1. 掌握动力电池SOC估计的作用和方法；
2. 掌握电池能量耗散及非耗散均衡方法。

知识储备

动力电池
电量管理

一、电量管理系统

电池电量管理是电池管理的核心内容之一，对于整个电池状态的控制，电动汽车续驶里程的预测和估计具有重要意义。

1. 荷电状态（SOC）估计影响因素及其作用

电量管理本质上就是动力电池 SOC 的估计，它也是防止动力电池过充和过放的主要依据。只有准确估算电池组的 SOC 才能有效提高动力电池组的利用效率，保证电池组的使用寿命。由于 SOC 的非线性，并且受到多种因素的影响，导致电池电量估计和预测方法复杂，准确估计 SOC 比较困难。

SOC 估算精度的影响因素如下：

（1）充放电电流。相对于额定充放电工况，动力电池一般表现为大电流可充放电容量低于额定容量，小电流可充放电容量大于额定容量。

（2）温度。不同温度下电池组的容量存在一定的变化，温度段的选择及校正因素直接影响电池性能和可用电量。

（3）电池容量衰减。电池的容量在循环过程中会逐渐减少，因此对电量的校正条件就需要不断的改变，这也是影响模型精度的一个重要因素。

（4）自放电。由于电池内部的化学反应，产生自放电现象，使其在放置时，电量发生损失，自放电大小主要与环境温度成正比，需要按试验数据进行修正。

（5）一致性。电池组的建模和容量估算与单体电池有一定的区别，电池组的一致性差别对电量的估算有重要的影响。电池组的电量估算是按照总体电池的电压来估算和校正的，如果电池差异较大将导致估算的精度误差很大。

准确估算蓄电池 SOC 的作用如下：

（1）保护蓄电池。对蓄电池而言，过充电和过放电都可能对蓄电池产生永久性的损害，严重减少蓄电池的使用寿命。但只要提供准确的 SOC 值，整车控制策略就可以将 SOC 控制在合适的范围内（20%～80%），起到防止电池过充或过放的作用，从而保护电池正常使用，延长电池寿命。

（2）提高整车性能。若没有准确的 SOC 值，那么为保证电池的安全使用，整车控制策略就为保守使用电池，防止电池过充或过放电出现。可是，这样不能充分发挥电池的性能，在一定程度上降低了整车的性能。

（3）降低对动力电池的要求。在准确估算 SOC 的前提下，电池的性能可以被充分使用。也就是说，如果能够精确估计 SOC，在选择电池的时候，针对电池性能设计的余量可大大减小。

（4）提高经济型。选择较低容量的动力电池组可以降低整车的制造成本。同时，由于提高了系统的可靠性，后期的维护成本也可大大降低。

2. 常用 SOC 估计算法

1）开路电压法

开路电压法是最简单的测量方法，主要根据电池组开路电压判断 SOC 的大小。由电池的工作特性可知，电池组的开路电压和电池的剩余容量存在一定的对应关系，某动力电池组电压容量对应关系如图 4-7 所示。随着电池放电容量的增加，电池的开路电压降低。由此，可以根据一定的充放电倍率时电池组开路电压和 SOC 对应曲线，通过测量电池组开路电压的大小，插值估算出电池的 SOC 值。

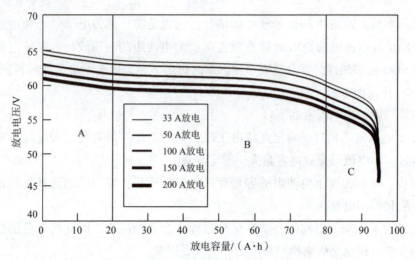

图 4-7　某动力电池组电压容量对应关系

该方法简单易行，但是由于不同充放电倍率时电池组的电压不一致，因此在电流波动较大的场合，这种方法的准确性将大打折扣。另外，不同工况下电池组的内阻大小不一样，将导致同样充放电倍率下不同时期的电池组电压不一致，使得测量方式的测量精度较低。同时，温度对电池组的放电平台影响也较大。因此，光靠电压来估算 SOC 值难以满足实际需求。

开路电压法对单体电池的估计要优于电池组，当电池组中出现的单体电池不均衡，会导致电池组容量低时电压会很高，因此不适合于个体差异大的电池组。

2）容量积分法

容量积分法是通过对单位时间内，流入流出电池组的电流进行累积，从而获得电池组每一轮放电能够放出的电量，确定电池 SOC 的变化。设电池满电状态下电池容量为 Q_m，完全放电后电池容量为 0，则有

$$SOC = \frac{Q_m - \int_0^t i\mathrm{d}t}{Q_m} \tag{4-1}$$

该计算方法虽然可行，但由于电池放电的特殊性，不同放电倍率状态下，Q_m 的值不同。在大电流放电时，电池电压下降到电池工作截至电压以下，但显示的 SOC 计算值大于 0；反之，在小电流放电时，SOC 显示值减小到 0 电池还能工作。

同时，积分法存在一定的误差，多次循环之后会出现误差累积，且该误差可能越来越大，因此需要进行校正。目前，大多是利用电池组电压来校正。通过电池组放电到终止电压时，无论 SOC 值为多少都置为 0，这样可以避免长时间积分的累积误差。也有在电池组静态时采用电压法来校正，而在工作时用电流积分法。由于电压和容量对应关系受温度、放电电流、电池组均衡性的影响，因此仅仅通过电压校正的方法仍需要进一步优化。

3）电池内阻法

电池内阻有交流内阻（常称为交流阻抗谱）和直流内阻之分，它们都与 SOC 有密切关系。电池交流阻抗为电池电压与电流之间的传递函数，是一个复数变量，表示电池对交流电的反抗能力，要用交流阻抗分析仪（图 4-8）来测量。但是，电池交流阻抗受温度影响大，电池处于静置后开路的状态，还是电池在充放电过程中进行交流阻抗测量存在争议，所以很少在实车测量上使用以判定 SOC 值，然而由于交流阻抗和电池健康状态存在一定的对应关系，在电池状态监控及故障诊断上却有较大的应用价值。

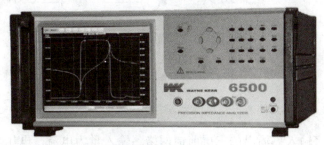

图 4-8 阻抗分析仪

直流内阻表示电池对直流的反抗能力，等同于在同一段时间内，电池电压变化量和电流变化量的比值。在实际测量中，将电池从开路状态开始恒流充电或放电，相同时间里负载电压和开路电压的差值除以电流值就是直流内阻。图 4-9 所示即为某电池直流内阻随 SOC 的变化规律。

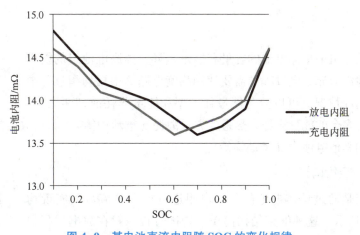

图 4-9 某电池直流内阻随 SOC 的变化规律

直流内阻的大小受计算时间段的影响，若时间段短于 10 ms，只有欧姆内阻能够测量到；

若时间段较长，内阻就会变得复杂。准确测量电池单体内阻比较困难，这就是直流内阻法的缺点。在某些电池管理系统中，会将内阻法与容量积分法组合使用来提高 SOC 估算的精度。

4）模糊逻辑推理和神经网络法

模糊逻辑推理和神经网络是人工智能领域的两个分支，模糊逻辑接近人的形象思维方式，擅长定性分析和推理，具有较强的自然语言处理能力；神经网络采用分布式存储信息，具有很好的自组织、自学习能力。这两者的共同点就是都采用并行处理结构，可从系统的输入、输出样本中获得系统输入输出关系。电池是高度的非线性系统，可利用模糊逻辑推理和神经网络的并行结构和学习能力估算 SOC。图 4-10 所示为估算 SOC 神经网络的典型结构。

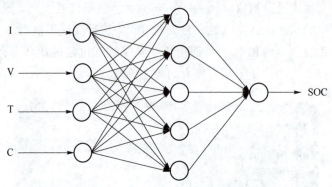

图 4-10　估算 SOC 神经网络的典型结构

该网络结构为多输入单输出的三层前馈网络。输入量为电流、电压、温度、充放电容量、内阻等，输出量为 SOC 值。中间层神经元个数取决于问题的复杂程度及分析精度。神经网络的输入量选择是否合适，变量数量是否恰当，直接影响模型的准确性和计算量。该方法适用于各种电池，但其缺点是需要大量的参考数据进行训练，估计误差受训练数据和训练方法的影响很大。

除了以上介绍的方法之外，SOC 估计还有卡尔曼滤波法、数据驱动法等。

二、均衡管理系统

为了平衡电池组中单体电池的容量和能量差异，提高电池组的能量利用率，在电池组的充放电过程中需要使用均衡电路。根据均衡过程中电路对能量的消耗情况，可以分为能量耗散型和能量非耗散型两大类。能量耗散型是将多余的能量全部以热量的方式消耗（被动均衡），非耗散型是将多余的能量转移或者转换到其他电池中（主动均衡）。

动力电池
均衡管理

1. 能量耗散型均衡管理

能量耗散型是通过单体电池的并联电阻进行放电分流从而实现均衡，如图 4-11 所示。这种电路结构简单，均衡过程一般在放电过程中完成，对容量低的单体电池不能补充电量，存在能量浪费和增加热管理系统负荷的问题。能量耗散型一般有两类。

动力电池
均衡实训

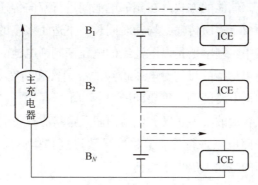

图 4-11　电阻分流式均衡原理图（ICE 为单体电池均衡器）

1）恒定分流电阻均衡放电电路

每个电池单体上都始终并联一个分流电阻。这种方式的特点是可靠性高、分流电阻的值大，通过固定分流来减小由于自放电而导致的单体电池差异。其缺点在于无论电池充电还是放电，分流电阻始终消耗功率，能量损失大，一般在能够及时补充热量的场合使用。

2）开关控制分流电阻均衡放电电路

分流电阻通过开关控制，在放电过程中，当单体电池电压达到截止电压时，均衡装置能阻止其过放并将多余的能量转化成热能。这种均衡电路工作在放电期间，特点是可以对放电时单体电池电压偏高者进行分流。其缺点是均衡时间的限制导致分流时产生的大量热量需要及时通过热管理系统耗散，尤其在容量比较大的电池组中更明显。

能量散耗型电路结构简单，但是均衡电阻在分流过程中不仅会消耗能量，还会由于电阻发热而引起电路的热管理问题。由于这种电路是通过能量消耗的办法来限制单体电池出现过高或过低的端电压，因此只适合在静态均衡中使用，其高温升特点降低了系统的可靠性，不宜用于动态均衡且适合容量较小的电池组。

2. 非能量耗散型均衡管理

非能量耗散型电路的耗能相对于能量耗散型电路小很多，但电路结构相对复杂，可分为能量转换式均衡和能量转移式均衡两种方式。

1）能量转换式均衡

能量转换式均衡是通过开关信号，将电池组整体能量对单体电池进行能量补充，或者将单体电池能量向整体电池组进行能量转换。其中，单体能量向整体能量转换一般都是在电池组放电过程中进行。通过检测各个单体电池的电压值，当单体电池电压达到一定值时，均衡模块开始工作。把单体电池中的放电电流进行分流从而降低放电电压，分出的电流经模块转换把能量反馈回放电总线，达到均衡的目的。还有的能量转换式均衡可以通过续航电感，完成单体到电池组的能量转换。

2）能量转移式均衡

能量转移式均衡是利用电感或电容等储能元件，把电池组中容量高的单体电池通过储能元件转移到容量比较低的电池上，该均衡方法一般应用于中大型电池组中。通过切换电容开关传递相邻电池间的能量，将电荷从电压高的电池传送到电压低的电池，从而达到均衡的目

的。另外，也可以通过电感储能的方式，在相邻电池间进行双向传递。此电路的能量损耗很小，但是均衡过程中必须要有多次传输，均衡时间长，不适于多串的电池组。

现有的电池均衡方案中，基本上是以电池组的电压来判断电池的容量，是一种电压均衡方式。因此，达到对电池组均衡的目的对电压检测的准确性和精度要求很高，设计出简单、高效的电压检测电路是均衡电路的一个重要问题。

同时，电压不是电池容量的唯一量度，电池内阻及连接方式不同也会导致电池电压的变化。因此，如果一味地按照电压进行均衡，将会导致过度均衡，从而浪费能量。极端情况下，有可能导致容量均衡的电池组出现不均衡。

🎯 任务实施

我们在前一阶段学习了电池 SOC 估计以及均衡问题。请结合课程内容并搜集资料，完成以下情景任务：

小 D 租用的共享电动汽车实际行驶公里数明显小于仪表显示，请从专业角度说明产生这种现象的原因。

🎯 评价与考核

一、任务评价

任务评价见表 4-3。

表 4-3　任务评价

考核项目	评分标准	学生自评	小组互评	教师评价	小计
电量管理	电池 SOC 估计的作用及其精度影响因素				
	语言组织及沟通效果				

二、任务考核

1. 用开路电压法进行 SOC 估计的优缺点是什么？
2. 用容量积分法进行 SOC 估计时如何进行累计误差的校正？
3. 什么是能量耗散型均衡，有什么特点？

🎯 拓展提升

认真阅读并查阅资料，自定变量，编写一段利用开路电压法或容量积分法进行 SOC 估计的 C 语言程序代码。

任务 4-3 掌握热和安全管理

任务引言

2015年4月，某电动汽车加电站内一辆电动大巴突然起火，火势蔓延，大巴被烧成了骨架，事故引发社会对电动汽车安全性的广泛关注。那么，为什么会发生热失控，怎样才能尽可能避免此类事故的再次发生呢？

学习目标

1. 掌握热管理系统的工作原理；
2. 掌握安全管理系统项目和方法；
3. 了解电池管理系统数据通信。

知识储备

动力电池热管理

一、热管理系统

诸多电动汽车起火事故的根源是热失控导致的热扩散。电池箱内温度场的长久不均匀分布也将造成各电池模块、单体间性能的不均衡，加剧电池内阻和容量的不一致性如果长时间累积，会造成部分电池过充电或者过放电，进而影响电池的寿命与性能，并造成安全隐患。因此，电池热管理对电动汽车动力电池系统而言是必需的。

1. 热管理系统概况

纯电动汽车动力电池热管理是指通过控制器、温度传感器、热传导装置、风扇、加热丝或空调等，对电池箱体内部各电池温度进行干预，使其工作在较为理想的工作区间，以提高动力电池系统的工作性能和使用寿命。简言之，在电池模块温度较高时，控制器控制风扇开启或空调制冷；在电池模块温度较低时，控制器控制加热丝加热或空调制热。图 4-12 所示为电动汽车专用 PTC 加热器外观。

图 4-12 电动汽车专用 PTC 加热器外观

在电池加热方面，目前也有采用热泵空调的实例，此种方法可以改善PTC电致热影响车辆续航的问题。热泵空调相较于PTC加热方式更加节能，冬季车内利用极少的电量就可以达到舒适采暖的要求。实车试验数据显示，-5℃以上环境，较PTC节能50%以上。而且，热泵空调无须采用PTC辅助加热方式（业内目前大多在极低温度下需要用PTC辅助加热），单热泵系统便可适应我国绝大部分地区环境。

1）动力电池系统的热状况

传统的燃油汽车，其蓄电池多用于起动发动机及提供车载低压电器用电需求，其能量和功率有限，因此燃油汽车的热管理主要在于发动机及其冷却系统，对电池的热管理并没有引起重视。而新能源汽车对电池能量和功率需求较大，尤其在纯电动汽车中动力电池作为能量的唯一来源，其功率和能量需求是相当高的，而动力电池在充放电的化学和物理过程中会产生各种热量，如果这些热量在车辆行驶过程中得不到良好的散发，将会造成动力电池性能、寿命甚至安全方面的严重后果。

同时，在低温环境尤其是在极端寒冷的条件下，电池系统由于温度低，会降低电池的能量释放甚至会出现不能正常充放电的情况，从而影响到车辆的正常使用。根据相关研究某款电动汽车的电池容量-温度变化，可以知道在放电电流为100 A的情况下，温度从20℃到0℃，再到-20℃，电池容量分别缩水了1.7%和7.7%。这意味着，电动汽车电池的容量，会随电池运行环境的降低而发生缩减。因此，低温对电池使用的影响是不可忽视的，必须要对电池系统的热状况进行深入研究并进行相应的热管理。

2）热管理系统主要功能和设计流程

动力电池热管理系统主要有以下5项主要功能：①电池温度的准确测量和监控；②电池组温度过高时的有效散热和通风；③低温条件下的快速加热；④有害气体产生时的有效通风；⑤保证电池组温度场的均匀分布。

性能良好的电池组热管理系统需要采用系统化的设计方法，目前有许多关于热管理系统的设计方法。代表性设计包括以下7个步骤：①确定热管理系统的目标和要求；②测量或估计模块生热及其容量；③热管理系统首轮评估，选定传热介质，设计散热结构等；④预测模块和电池组的热行为；⑤初步设计热管理系统；⑥设计热管理系统并进行试验；⑦热管理系统的优化。

2. 传导介质设计

1）电池内热传递的方式

其热传递方式主要有热传导、对流换热和辐射换热。电池和环境交换的热量也是通过辐射、传导和对流3种方式进行的。

对单体电池而言，热辐射和热对流的影响很小，热量的传递主要是由热传导决定的。电池自身吸热的大小与自身的材料比热有关，比热越大，散热越多，电池的温升越小。如果散热量大于或等于产生热量，电池温度不会升高；如果散热量小于所产生的热量，热量将会在电池体内产生热累积，电池温度升高。

2）传热介质的选择

传热介质对热管理系统性能有很大的影响，要在设计热管理系统前确定。按照传热介质的不同，热管理系统可分为空气散热、液冷散热等方式。

（1）空气散热。

利用空气作为传热介质对电池组进行散热是目前应用范围最广的散热方式，其原理是：利用空气与电池间的对流换热实现对电池组的冷却。通常情况下，空气散热可划分为自然对流换热和强制对流换热，通过设计不同的风道实现对电池系统的均衡散热。

空气散热的主要优点：结构简单，重量相对较轻；没有漏液的隐患；有害气体产生时能够有效通风；成本较低。缺点在于其与电池壁面之间的换热系数低，冷却或加热速度慢。

（2）液冷散热。

以液体作为传热介质针对动力电池组进行散热，主要是通过在动力电池模组中安装液冷管道，通过液冷管道中的冷却液实现与电池表面的换热，从而达到冷却电池的目的。

液冷方式的主要优点：与电池壁面之间换热系数高，冷却、加热速度快，体积较小。其主要缺点：存在漏液的可能，重量相对较重，维修和保养复杂，需要水套、换热器等部件，结构相对复杂。

以上传热介质中，空冷和液冷应用较多。其他方式，如相变材料应用尚处于试验阶段，没有电池热管理系统的实际应用。

3. 散热结构设计

电池箱内部电池模块的温度差异与电池组布置有很大关系，一般情况下，中间位置的电池容量累积热量，边缘散热条件要好些。所以，在进行电池组结构布置和散热设计时，要尽量保证电池组散热的均匀性。

以空气散热为例，一般有串行和并行两种通风方式来保证电池组散热的均匀性。在风道设计上，需要遵循流体力学和空气动力学的基本原理。热管理系统按照是否有内部加热或制冷装置可分为被动式和主动式两种。被动系统成本较低，采取的设施相对简单；主动系统相对复杂，且需要更大的附加功率，但效果较为理想。

4. 风机和测温点选择

进行电池散热结构设计时，重点要确定风机种类和功率。以空气散热为例，在保证一定散热效果的情况下，应该尽量减小流动阻力，降低风机噪声和功率消耗，提高整个系统的效率。可以用试验、理论计算和流体力学方法，通过估计压降、流量来估计风机的功率消耗。当然也要考虑风机占用空间大小和成本高低，寻求最优的风机控制策略也是热管理系统的功能之一。

电池箱内部电池组温度分布一般是不均匀的，因此需要知道不同条件下电池组的热场分布以确定危险温度点。一般而言，测温传感器数量越多，测温越全面，但会增加系统成本和复杂性。根据不同的工程背景，理论上，利用有限元分析、试验中利用红外热成像或者实时的多点温度监控的方法可以分析和测量电池组、电池模块和电池单体的热场分布，决定测温点的个数和位置。

一般在设计时，应保证温度传感器不被冷却风吹到，以提高温度测量的准确性和稳定性。电池设计要考虑预留传感器位置和空间，可在适当位置设计合适的孔穴。日本丰田普锐斯混合动力汽车的电池系统部件组成如图4-13所示，可以看到，其温度监测由3个电池组

温度传感器和1个进气温度传感器完成。

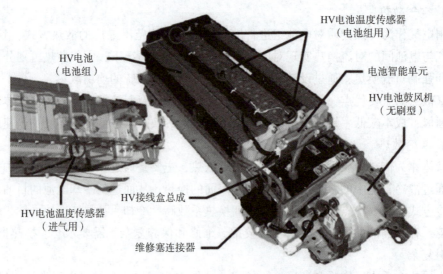

图4-13　普锐斯混合动力汽车的电池系统部件组成

二、安全管理系统

动力电池安全
与通信管理

主要具有烟雾报警、绝缘检测、自动灭火、过电压和过电流控制、过充电及过放电控制、防止温度过高、在发生碰撞的情况下关闭电池等功能。本节主要讲述电池系统的过充电和绝缘监测技术。图4-14展示了一个小型电池安全监控与预警模拟系统，可模拟并实现锂离子电池电压、电流、温度、烟雾、明火等信息的采集和处理。

图4-14　电池安全监控与预警模拟系统

1. 防过充控制

电动汽车动力电池系统在充电过程中，使用过高的电压或充满后继续长时间充电，会对电池产生十分危险的损害。以锂离子电池单体为例，发生过充电时，由于负极的储存格已经装满了锂原子，后续的锂离子会堆积于负极材料表面。这些锂离子由于极化作用，形成金属锂，并长出树枝状结晶。这些没有电极防护的金属锂容易发生氧化反应而爆炸。另外，形成的金属锂结晶会穿破隔膜，使正负极短路，产生高温，进而发生爆炸。

因此锂离子电池在充电时，一定要设定电压上限和过充保护。在正规电池厂家出产的锂离子电池中，都装有这样的保护电路，当电压超标或电量充满时自动断电，这就是BMS安全管理中的防过充控制。如果该模块失效，将会失去对电池的保护，产生严重后果，如图4-15所示的某电动大巴车起火事故现场。

图4-15　电池过充电导致电动汽车起火

事后调查报告显示：车辆动力电池充满电后，动力电池过充电72 min，过充电量58 kWh，造成多个电池箱先后发生动力电池热失控、电解液泄漏，引起短路，导致火灾。事故原因在于电池管理系统（BMS）、充电机均未能发挥应有作用。电池电量充满时，电池管理系统主控模块失效，没有主动传递停止充电信息，使系统没有完成中断充电功能。

分析电动汽车出现的起火事故可以发现，电池管理系统中的安全管理，尤其是过压控制、防过充控制、烟雾报警、过温报警、自动灭火等措施的良好和有效，对于防止事故产生及进一步造成严重后果具有重要意义。

2. 绝缘检测

电动汽车动力电池系统电压常用的有288 V、336 V、384 V及544 V等，已经大大超过了人体可以承受的安全电压，因此电气绝缘性能是电安全管理的一个很重要的内容，绝缘性能的好坏不仅关系到电气设备和系统能否正常工作，更重要的是关系到人的生命财产安全。现在常用的绝缘检测方法包括以下几种。

1）漏电直测法

在直流系统中，这是最简单也是最实用的一种检测漏电的方法。我们可以将万用表打到电流档，串在直流正极与设备壳（或者地）之间，这样就可以检测到直流负极对壳体之间的漏电流，同样也可以串在负极与壳体之间检测直流正极对壳体之间的漏电流。

2）绝缘表测量法

绝缘表测量法就是用绝缘电阻表测量绝缘电阻的阻值。传统的绝缘电阻表又称兆欧表，采用手摇发电机供电，故又称摇表。它的刻度是以绝缘电阻为单位的，是电工常用的一种测量仪表。另一种常用的测量工具为电子式绝缘表，不需要手摇，可以自身产生稳定电压，测试方便、精度高、自动化程度高，而且体积小、重量轻，便于携带。两种工具实物图如图4-16所示。

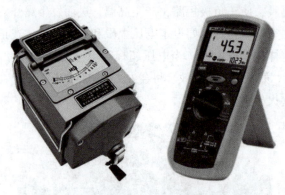

图 4-16　手摇式及电子式绝缘电阻表实物图

3）电路测量法

由于以上两种办法均需采用专有设备进行测试，与电池系统集成存在困难，因此在电池管理系统中常用的是电路测量的方法。某电动汽车直流电压均衡电阻绝缘测量原理图如图 4-17 所示。

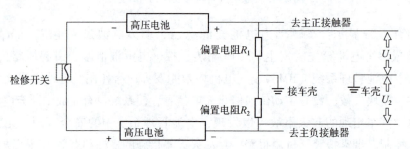

图 4-17　某电动汽车直流电压均衡电阻绝缘测量原理图

该检测电路中，正常情况下：绝缘电阻>20 MΩ，也就是没有漏电发生时，$U_1 = U_2 = 1/2$ 电池总电压；当正极漏电时：$U_1 < 1/2$ 电池总电压，$U_2 > 1/2$ 电池总电压；当负极漏电时：$U_1 > 1/2$ 电池总电压，$U_2 < 1/2$ 电池总电压。通过对 U_1 和 U_2 两个电压的检测就可以获得电路中的漏电情况。

3. 健康状态监测

电动汽车动力电池的健康是电池管理的一个重要内容，但也是一个技术难度很大的问题。由于动力电池的问题不可能在设计制造过程中完全解决，故在电动汽车使用运行过程对动力电池系统进行有效的状态监控可提前发现问题，并采取相应措施避免故障升级，对提高动力电池安全性就具有特别重要的意义。目前，对电池电压、电流、温度、SOC 等相关参数的获取相对容易实现，而对于反映电池健康状态的参数 SOH 开展准确监测却不容易。

电池健康状态的测试一般有 3 种常规方法，即完全放电法、内阻法和电化学阻抗法；此外，还可利用电池的 X 射线、超声、热成像、声发射、涡流等信息对电池进行监测的研究。通过电池健康状态的检测，及时发现问题，可以避免电池状态突发劣化和安全事故的发生。

三、数据通信系统

1. 电池管理系统通信原理

数据通信是电池管理系统的重要组成部分之一，可以完成电池工作必要信息的上传下达，及时准确的数据传输既可以保证功能发挥，也可以保障电池安全。电池管理系统通信主要涉及管理系统内部主控板与检测板之间的通信，电池管理系统与车载主控制器、非车载放电机等设备间的通信等。在有参数设定功能的电池管理系统上，还有电池管理系统主控板与上位机的通信。CAN 通信方式是现阶段电池管理系统通信应用的主流，在国内外大量产业化的电动汽车电池管理系统以及国内外关于电池管理系统数据通信标准中均提倡采用该通信方式。RS232、RS485 等总线方式在电池管理系统内部通信中也有应用。

图 4-18 所示为某纯电动客车电池管理系统，该系统已经商业化应用。其中，RS232 主要实现主控板与上位机或手持设备的通信，完成主控板、检测板各种参数的设定；RS485 主要实现主控板与检测板之间的通信，完成主从板电池数据、检测板参数的传输。CAN 通信分为 CAN1 和 CAN2 两路。其中，CAN1 主要与车载主控制器通信，完成整车所需电池相关数据的传输；CAN2 主要与车载仪表、非车载充电机通信，实现电池数据的共享，并为充电控制提供数据依据。

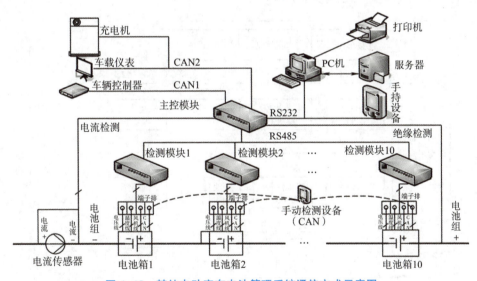

图 4-18　某纯电动客车电池管理系统通信方式示意图

2. 运行模式下的通信

车辆运行模式下的电池管理系统的结构如图 4-19 所示。电池管理系统中央控制模块通过 CAN1 总线将实时的、必要的电池状态告知整车控制器以及电机控制器等设备，以便采用更加合理的控制策略，既能有效地完成运营任务，又能延长电池使用寿命。同时，电池管理系统（中央控制模块）通过 CAN2 将电池组的详细信息告知车载监控系统，完成电池状态数据的显示和故障报警等功能，为电池维护和更换提供依据。

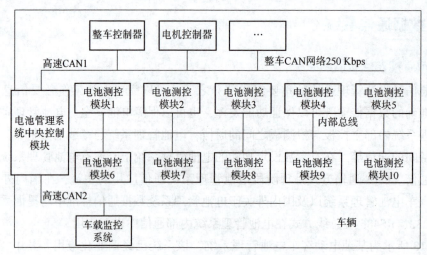

图 4-19　车辆运行模式下的电池管理系统的结构

3. 应急充电模式下的通信

应急充电模式下的电池管理系统结构如图 4-20 所示。充电机实现与电动汽车的物理连接。此时的车载高速 CAN2 加入充电机节点，其余不变。充电机通过高速 CAN2 了解电池的实时状态，调整充电策略，实现安全充电。

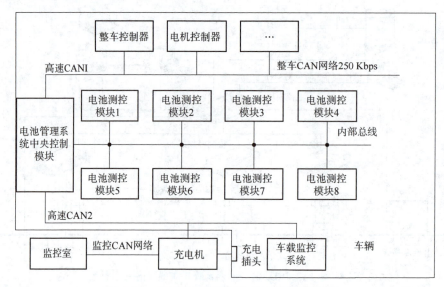

图 4-20　应急充电模式下的电池管理系统结构

任务实施

我们在上一阶段学习了电池热管理和安全管理的知识。请结合课程内容并搜集资料，完成以下情景任务：

某电动大巴起火事故发生后，如果你是事故调查团队成员，请从电池热管理、安全管理以及通信管理角度提出你的调查思路。

 评价与考核

一、任务评价

任务评价见表4-4。

表4-4 任务评价

考核项目	评分标准	学生自评	小组互评	教师评价	小计
起火事故调查	从专业角度分析,应从哪些方面着手				
	事故具体技术状况搜集整理				

二、任务考核

1. 为什么要进行电池的热管理,有哪些常用的热传介质?

2. 动力电池绝缘检测有什么作用,有哪些检测方法?

3. 动力电池系统的数据通信基本原理作用是什么?

拓展提升

自选车型,使用机械式或电子式绝缘表测量动力电池系统正负极母线对地绝缘电阻,判断是否符合标准要求(GB/T 18384.1—2015)。

项目五　动力电池充电与维护

　　纯电动汽车能源完全来自电池系统，电池能量需要持续补充，混合动力汽车中的插电式混动也存在充电问题，也就是说，无论多大的电池容量，都必须解决电量消耗后的补充问题，这个工作目前主要由充（换）电设施来完成。

　　动力电池是电动汽车的核心零部件，其工作状态好坏直接关系到整车的使用，电池的故障也占据了电动汽车故障的很大比例。因此，电池系统的维护和故障诊断也是电动汽车的重要内容。

　　如图5-1所示，本项目将介绍电动汽车能量补给的方式、充电系统及其充电过程、动力电池的维保知识等。通过本项目学习，读者将掌握动力电池充电、维护保养及故障诊断的方法步骤。

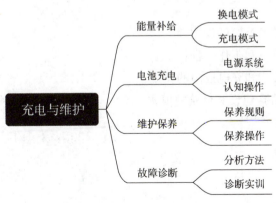

图5-1　本章知识点树图

社会能力

1. 树立电池充电及维护保养操作的规范意识；
2. 具有较强的分析问题并撰写分析报告（报表）的能力；
3. 强化"劳动精神"和"工匠精神"能力的培养；
4. 增强小组协同学习能力。

 方法能力

1. 通过查询资料完成学习任务，提高资源搜集的能力；
2. 通过充电及电池保养和故障诊断，提高相应实际操作的能力；
3. 通过完成学习任务，提高解决实际问题的能力。

任务 5-1　了解动力电池能量补给方式

🎯 任务引言

小 D 买了一台新能源汽车，发愁的是出门在外总是担心找不到充电桩，他心想，如果充电像加油那么方便就好了！小区车库充电桩数量少，并且充电速度很慢，他很奇怪为什么小区安装的都是慢充桩？

🎯 学习目标

1. 理解动力电池能量补给的作用；
2. 了解换电模式设备和工作过程；
3. 掌握充电连接方式和充电设施的类型；
4. 了解充电桩（站）建设和运营的模式。

🎯 知识储备

电动汽车能量
补给方式

一、换电模式

在学习电动汽车最常见的充电模式之前，先来看换电模式。换电模式是指通过集中型充电站对大量电池集中存储、集中充电，对电动汽车进行电池更换服务的电能补给方式。与电动汽车充电模式相比，电池更换方式具有电池更换时间快、电能补充速度快、自动化程度高等特点。

1. 换电设备

换电系统的主要设备包括电池箱、电池架、换电机器人、堆垛机器人等。图5-2所示为电动汽车自动充换电站换电操作场景。

图5-2 电动汽车自动充换电站换电操作场景

电池箱是由若干单体电池、箱体、电池管理系统及相关安装结构件（设备）等组成的成组电池，具备符合标准的电池箱结构、电池箱监控设备、电池箱接插件、电池箱环控设备等。电池箱是电动汽车和换电机器人、电池架和堆垛机器人之间直接衔接的设备，需要考虑其与电动汽车整车设计、换电机器人抓取方式设计、电池架的存储方式、堆垛机器人的堆垛方式相配合。

电池的内外箱尺寸应该在配合汽车厂商整车的地盘、结构设计的同时，力求达到标准化、统一化和系列化。电池箱的结构一般采用抽屉式，基本要求是应具备绝缘防护、防火、防水、防尘、温度控制、防振、动力可靠传输、电安全防护等性能，并且考虑成组电池及电池箱在电动汽车上长期处于一种高频振动的状态之下，所以需要特别考虑电池箱体的耐冲击、防损害变形的方法，包括电池箱的锁止机构设计、电池箱承重材料的选择等。

电池架指带有充电接口的立体支架，可实现对电池箱进行存储、充电、监控等功能，具备符合标准电池箱要求的安装位置，具有良好的稳固性、承重能力、绝缘能力、可扩展性等，满足大规模电池箱充电和存储的需求。换电机器人是完成电动汽车电池箱更换服务的机器。

2. 换电方式和过程

换电方式是指换电机器人、堆垛机器人、电池箱、电池架之间相互配合完成电池箱从电池架到电动汽车之间更换放置的方法和过程。根据服务车型特点的不同，可分成为小型车辆服务的换电方式及为大型车辆服务的换电方式；根据换电实现的智能化程度，可分为全自动换电和半自动换电两种方式。

换电过程动画

换电过程包括两个动作，即把用过的电池箱从车上取下和将充好电的电池放进车上的电池箱位置内。但这两个动作在实现过程中需要考虑诸多的因素：首先是定位技术，由于电动汽车停车的人为不可控、电动汽车的一致性等因素的影响，电池箱每次停靠的位置不可能完全一致，这就需要换电机器人对电池箱的位置进行精确可靠的定位识别；其次是机器人的校

正技术，可以柔性控制实现整个电池取放过程，实现 x、y、z 三个方向的动作调整，从而解决汽车的不一致性以及汽车停放过程中的偏差；再次是机器人对电池箱的装卸技术，如何以一种平稳快速的方式装卸电池箱是对机器人的基本要求；最后是电池箱的识别技术，对每个电池箱进行标签识别，方便对电池的状态进行管理，确保机器人的准确操作。

为发挥换电优势，换电时间应严格遵循相关技术规范，小型乘用车的换电时间不大于 5 min，大型公交车换电时间不大于 10 min。在换电方式和流程的设计中，应该充分考虑换电机械的性能和换电流程的合理安排，将换电时间控制在规范要求以内。

3. 换电站建设

电池更换站作为一种民用、公用设施，其在站址的选择方面首先应当遵循规划相协调的原则，充分与土地及规划相关部门沟通，保证电池更换站的建设与城乡建设规划相契合；满足当地城市规划的要求，宜避免与相邻民居、企业和设施的相互干扰。其次，针对电池更换站的大用电量、大谐波的特点，电池更换站规划布局应充分考虑其所在电网运行特点和容量。最后，电池更换站的布局应当充分考虑用户需要，参考成熟的加油网点的布局建设，科学合理地规划服务半径和服务能力。

电池更换站的选址应符合环境保护和防火安全的要求，对进出线走廊、给排水设施、防排洪设施、站内外道路等合理布局、统筹安排，充分利用就近的交通、消防、给排水及防排洪等公用设施，宜避免与相邻民居、企业和设施的相互干扰。电池更换站应根据工艺布置、建设规模统筹规划，近远期结合，以近期为主。分期建设时，应根据发展需求，合理规划，分期或一次性征用土地。

二、充电模式

换电模式前期投资巨大，其电池安全性与责任界定困难，且不同的电池标准导致换电运营商与汽车生产商合作困难。事实上，换电模式更适合于某些细分市场，如公共交通、物流车队等。对于主流的私家车市场，现阶段电动汽车的能源补给方式以充电模式占优。

1. 充电连接方式

根据给电动汽车蓄电池充电时的能量转换方式的不同，充电机可分为传导式和感应式。前者具有简单高效的优点，后者使用方便，而且即使在恶劣的气候环境下进行充电也无触电的危险，两种充电机分别适合于户内和户外充电。下面分别进行具体介绍。

1）传导式充电

传导式充电即接触式充电（图 5-3），采用插头与插座的金属接触来充电，具有技术成熟、工艺简单和成本低廉的优点，这也是目前绝大多数电动汽车所采用的充电方式。这种方式的缺点是：导体裸露在外面不安全，而且会因多次插拔操作，引起机械磨损，导致接触松动，不能有效传输电能。

2）感应式充电

感应式充电即非接触式充电，充电装置和汽车接收装置之间不采用直接电接触方式，而是采用由分离的高频变压器组合而成，通过感应耦合，无接触式地传输能量。采用感应耦合方式充电，可以避免接触式充电的缺陷。图 5-4 所示电动汽车即采用了感应式无线充电技术。

无线感应
充电技术

图 5-3　电动汽车接触式充电

图 5-4　采用无线充电技术的电动汽车

2. 充电设施类型

根据充电类型可以将充电设施分为交流充电机和直流充电机两类。

1）交流充电

交流充电一般是指采用小电流（通常在 0.1~0.3 C）在较长的时间内对蓄电池进行慢速充电，这种充电又称为普通充电。常规蓄电池均采用小电流的恒压恒流三段式充电，一般充电时间长达 5~10 h。

2）直流充电

由于交流充电的充电时间一般较长，给实际车辆使用带来许多不便。直流快充模式的出现，为电动汽车的商业化提供了技术支持。直流充电又称为应急充电，是指以较大的电流（一般为 1~5 C）在 12 min~1 h 的短时间内，为电动汽车进行充电的一种方式。

交流充电桩按照安装方式的不同可分为落地式和壁挂式两种，如图 5-5 所示。落地式充电桩适合在各种停车场和路边停车位进行地面安装；壁挂式充电桩适合在空间拥挤、周边有墙壁等固定建筑物进行壁挂安装，如地下停车场或车库。

图 5-5　电动汽车充电装置

电动汽车充电设施从规模上可以分为交流充电桩、充电站两大类。

交流充电桩按提供的充电接口数分为一桩一充式和一桩两充式两种。一桩一充式交流充电桩提供一个充电接口，适用于停车密度不高的停车场和路边停车位；而一桩两充式交流充电桩提供两个充电接口，可同时为两辆电动汽车充电，适用于停车密度较高的停车场所。

充电站充电设施一般包括供电系统、充电设备、监控系统、配套设施等，如图 5-6 所示。供电系统主要为充电设备（交流充电桩、充电机等）、监控和照明等负荷提供工作电源，主要由一次设备（包括开关、变压器及线路等）和二次设备（包括检测、保护及控制装置等）组成。

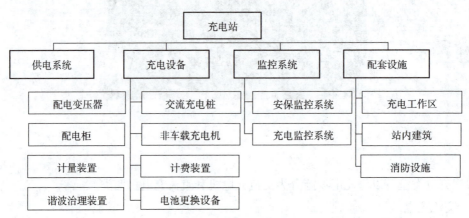

图 5-6　充电站组成结构

3. 充电运营模式

目前主流的充电桩运营模式有 3 种：一是以政府为中心的电动汽车充电桩运营模式；二是以电网企业为中心的运营模式；三是以电动汽车生产商为中心的电动汽车充电桩运营模式。

（1）以政府为中心的运营模式，顾名思义就是电动桩的建设经费主要来源于政府的投资，政府作为主持者，联系汽车生产商、电网企业、设备供应商来建设电动充电桩。政府出资投到建设上的资金较少，这样在政府的政策和资金的大力支持下，电动汽车的早期商业化发展很快得到提升，此模式适用于电动汽车发展的初期阶段。但随着电动汽车生产的发展，所要建设的电动充电桩越来越多，政府要投入的资金越来越多，政府仅有的财政难以支撑。而且，仅靠政府的资金支撑来建设，没有市场竞争，建设的效率就会大打折扣。

（2）以电网企业为中心的电动汽车充电桩运营模式是电动汽车充电桩的资金来源是以电网企业为主。电网企业为整个建设过程中的负责主体，所建设的充电设施具有完全商业化的性质。适合汽车商业化规模较大、有固定的充电用户、投资的渠道通畅。电网企业在投资电动汽车充电桩的建设过程中有较好的技术支持、能源供应、网络传输优势。国家电网作为电力行业龙头企业和"国家队"，近年来加大了充电桩的投入，成为充电桩建设行业的支柱之一。不仅在市区，在一些偏远景区的停车场，同样可以看到国家电网的充电桩。

（3）以电动汽车生产商为中心的充电桩运营模式是电动汽车充电桩建设的资金主要来源于汽车生产商，汽车生产商是建设中的主要负责主体。汽车生产商为了提高销量，自己出钱建充电桩来刺激消费者来提高成交量，达到最终双赢的目的。大家所熟知的通用、丰田都是自己出资建设充电桩的企业。此模式适用于已经成熟化的电动汽车生产，基础设施、商业化条件各方面都很成熟的条件下生产商把充电桩作为一种售后服务来吸引消费者，巩固消费人群的稳定。但是，充电桩的需求量增多后，汽车生产商在技术、能源供给方面就会吃力，不利于达到双赢。

任务实施

我们在上一阶段了解了换电和充电两种动力电池能量补给的方式，请结合学习内容，小组讨论后完成以下情景任务：

小 D 为什么会产生充电焦虑？小区为什么建设的多是慢充桩？请你帮助他解决这两个疑惑。

评价与考核

一、任务评价

任务评价见表 5-1。

表 5-1 任务评价

考核项目	评分标准	学生自评	小组互评	教师评价	小计
充电便捷性	充电基础设施建设影响因素				
	语言组织及沟通效果				
充电桩类型	交、直流充电桩特点				
	语言组织及沟通效果				

二、任务考核

1. 什么是感应式充电？有何特点？

2. 充电方式中为什么有"交流慢充、直流快充"这种说法？该怎样理解。

3. 充电站包括哪些设施？加油站是否适合改建为充电站？

 **拓展提升**

充电和换电模式孰优孰劣的争论由来已久，请查找资料，给出一家采用换电模式的汽车车型，说明其成功经验和面临的问题。

任务 5-2　掌握动力电池的充电过程

 **任务引言**

小 D 第一次使用新能源汽车，电池电量低该充电时，他却怎么也找不到充电口，找到充电口之后又不知道怎样操作开始充电。你作为新能源汽车界的"老手"，请为他介绍认知电动汽车的电源系统，并教会他正确进行充电操作。

学习目标

1. 认知电动汽车能源补给系统结构；
2. 掌握电动汽车充电的步骤。

知识储备

一、汽车能源补给系统

整车电源系统

1. 电源系统结构

电动汽车整车电源系统负责车辆的能量供应，要理解电池的充电，必须将之放置在整车电路中进行分析。图 5-7 所示为比亚迪 E5 纯电动汽车整车高压电气系统电路框图，从系统框图中可以看出，电池有两种充电方式（直流充电和交流充电），通过高压电控总成和充电设备相连接。DC/DC 变换器将系统高压转换为低压并为车载低压蓄电池（未画出）充电，供应整车低压用电设备。高压蓄电池通过高压电控总成输出电能，供应给电机系统（含电机驱动器）、空调系统、PTC 加热器等高压用电设备。

纯电动汽车电源系统由高压电源、低压电源、充电系统、高压电缆和电源管理系统、高压配电系统、热管理系统和预充电系统八个部分组成。比亚迪 E5 纯电动汽车电源系统安装位置图如图 5-8 所示。

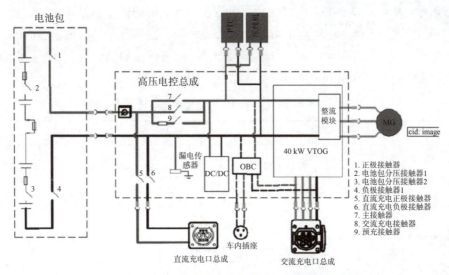

图 5-7　比亚迪 E5 纯电动汽车整车高压电气系统电路框图

图 5-8　比亚迪 E5 纯电动汽车电源系统结构图

电动汽车电源系统的功用：

（1）电动汽车起动时，电源系统向电机以及其他电气设备供电。

（2）当动力电池电压高或低于设定的电动势时，电源管理系统会切断动力电池同时发出警告。

（3）当动力电池断路或损坏时，电源管理系统会切断动力电池保护乘员的人身安全。

（4）能吸收整车电气系统电路中出现的瞬时过电压，稳定电网电压，保护电子元件不被损坏；另外，对电子控制系统来说，电源系统也是电子控制装置内的不间断电源。

2. 主要电源部件

下面针对比亚迪 E5 电源系统主要部件介绍如下：

1）高压电源（动力电池包）

为了使电动汽车有更好的驾驶性能和更远的续航里程，纯电动汽车的高压电源是由几十

甚至几百个电池单体经过串并联而成的动力电池包。其功能为储存能量和释放能量。

2017 款比亚迪 E5 动力电池包采用容量为 75 AH 的磷酸铁锂单体电池串联而成，其单体电压为 3.2 V；电池包内部含有 2 个分压接触器、1 个正极接触器、1 个负极接触器、采样线束、电池模组连接片和链接电缆等。其参数如表 5-2 所示。

表 5-2 比亚迪 E5 电池包主要参数

项目	参数
电池包结构	13 个电池组串联，13 个 BIC
电池包容量	75 A·h
额定电压	646 V
储存温度	−40~40 ℃，短期储存（3 个月）20%≤SOC≤40%
	−20~35 ℃，长期储存（<1 年）30%≤SOC≤40%
重量	≤490 kg

图 5-9 所示为其电池包结构示意图，其外部结构主要为：密封盖板、钢板压条、密封条、电池托盘；其内部结构包含：冷却水管、电池模组、模组连接片、连接电缆、采集器、采样线、电池组固定压条、密封条等。

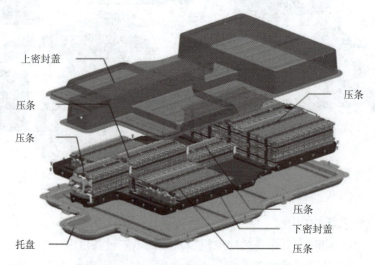

图 5-9 比亚迪 E5 电动汽车电池包结构

2）低压电源

比亚迪 E5 低压电源是由车载 12 V 磷酸铁锂电池和 DC/DC 变转器（集成于高压电控总成内）并联提供的，DC-DC 变换器替代了传统燃油车挂接在发动机上的 12 V 发电机，和起动电池并联给各用电器提供低压电源。DC-DC 在直流高压输入端接触器吸合后开始工作，输出电压一般标称为 13.8 V。DC-DC 在上电正常时、充电时（包括交流充电、直流充电）、智能充电时都会工作，以辅助低压铁电池为整车提供低压电源。现代电动汽车由许多子系统组成，如空调器、收音机、主控制器、管理系统、喇叭、车灯系统、动力转向系统、电动汽车窗、化霜器和刮水器等。低压负载工作电压的范围为 9～16 V。超出此范围低压系统就不能正常工作，会处于欠压或过压状态。低压电源的配电方式是通过车辆点火钥匙开关将低压 12 V 电源分配给低压负载。图 5-10 所示为比亚迪 E5 纯电动汽车低压电源连接结构示意图。

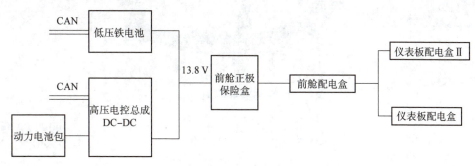

图 5-10　比亚迪 E5 纯电动汽车低压电源连接结构示意图

3）高压电控总成

高压电控总成又称"四合一"，源于车辆高度集成化的设计，内部集成双向交流逆变式电机控制器模块、车载充电器模块、DC-DC 变换器模块和高压配电模块，另内部还装有漏电传感器。其内部模块分布如图 5-11 所示，主要功能如下：

（1）控制高压交/直流电双向逆变，驱动电机运转，实现充、放电功能（VTOG、车载充电器）。

（2）实现高压直流电转化低压直流电为整车低压电器系统供电（DC-DC）。

（3）实现整车高压回路配电功能以及高压漏电检测功能（高压配电模块、漏电传感器）。

（4）实现 CAN 通信、故障处理记录、在线 CAN 烧写以及自检等功能。

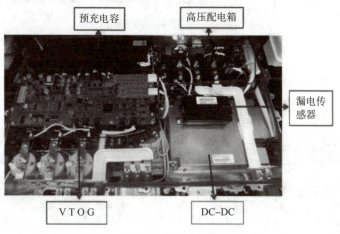

图 5-11　高压电控总成内部模块分布

4）高压电缆

高压电缆是电动汽车特用的专用电缆（图 5-12），它包括高压电缆和高压电缆专用接口。其功能是保证能传大电流、大电压同时又能满足电缆散热性能、绝缘性能良好。

图 5-12　电动汽车高压电缆实物

二、充电系统认知及操作实训

充电系统认知
与充电实训

下面以比亚迪 E5 为例，介绍电动汽车电源系统的认知及充电操作的步骤。

1. 汽车电源系统认知

1）充电口

先将车辆正确地停放到有交流充电设施的位置上，然后打开车辆前部充电口护盖，可以看到里面的直流与交流充电口如图 5-13 所示。单击保护盖可以打开充电口，其中直流充电口为 9 孔，交流充电口为 7 孔。

图 5-13　直流与交流充电口

2）高压电控总成

打开前舱盖，可以看到最显眼位置的就是高压电控总成（内部装有车载交流充电装置），其后方为电池管理控制器，如图 5-14 所示。

图 5-14　高压电控总成和电池管理控制器

3）动力电池总成

车辆举升后，从车辆下方向上，可以看到动力电池总成（图5-15），也就是动力电池包的安装位置。

图5-15　动力电池总成（车底视角）

2. 充电操作步骤

1）车辆充电准备

将车辆停好，检查人员绕车一周检查车辆的外观。保证车辆的挡位在 P 挡，将车辆进行下电操作（图5-16），并打开车辆的充电口保护盖（图5-17）。

图5-16　下电操作

图5-17　打开充电口

2）充电连接准备

拿出随车的充电装置包，检查随车交流充电插头。检查车载交流充电连接线，查看连接充电线的完整性和完好性，应外观良好无破损（图5-18）。

图 5-18　检查充电枪和充电线

3）充电操作

充电准备工作完成后，将充电连接线的三相插座插到具有 16 A 电流通过能力的电源插座上（图 5-19）。插上初期，充电连接线上的连接盒会出现三灯闪烁，紧接着会变成单一的绿灯电源指示灯常亮。

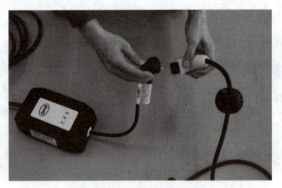

图 5-19　充电连接到插座

将连接线前端的充电枪口牢固地插入交流充电口（图 5-20）。此时，仪表会显示"正在充电中"。

 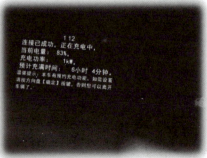

图 5-20　充电枪插入充电口

4）充电完成

一段时间之后，汽车动力电池充满，此时仪表会提示"充电已结束，请断开充电枪"（图5-21）。

正确断开充电连接线，关上充电口保护盖。收拾好充电连接线，并放入收纳包中，整个充电过程结束。

图5-21　拔出充电枪

任务实施

我们在前一阶段认知了动力电池的电源系统和充电过程。请结合课程内容，完成以下情景任务：

帮助小D认识汽车电源系统，并教会他正确使用充电枪进行动力电池的充电操作。

评价与考核

一、任务评价

任务评价见表5-3。

表5-3　任务评价

考核项目	评分标准	学生自评	小组互评	教师评价	小计
电源认知	主要电压系统的识别				
	语言组织及沟通效果				
充电操作	充电操作的步骤				
	语言组织及沟通效果				

二、任务考核

1. 电动汽车电源系统主要由哪些部分组成？

2. 分析交流充电进行充电时电流在电动汽车上的流向。

拓展提升

利用固定式交流或直流充电桩，完成电动汽车的充电操作。

任务 5-3　掌握动力电池维护保养

任务引言

4S 店给小 D 打电话，提示他需要为新买的纯电动汽车做保养了。他心想："自己的车没有发动机不需要换机油，刹车、轮胎都是新的，有保养的必要吗？"你作为 4S 店的服务顾问，请为小 D 解答电动汽车为什么需要做保养，尤其是动力电池需要做哪些保养项目。

学习目标

1. 掌握电动汽车保养的定义和周期；
2. 掌握电池系统保养的项目和要求；
3. 能够开展动力电池系统保养，注重"劳动精神"的培养。

知识储备

动力电池的
保养制度

一、电池系统保养规则

1. 保养基础知识

1）定义和分级

汽车保养，主要是针对传统的汽车修理维护中拆卸修理法而言的，是指汽车运行中的保养护理，是由传统的汽车维护作业演化而来的，强调对汽车进行预防性的各种保养与维护，并对传统养护的突破与创新，达到"在运行中保养，免拆卸维护"，是一种全要素的、系统性的、全面的养护，是一种快捷、优质、高效的全新汽车服务。

根据电动汽车预防为主、定期检测、强制维护的维护原则，动力电池保养分为日常维护、一级维护、二级维护，要由专业维护人员执行。

日常维护是以清洁、补给和安全性能检视为中心内容的维护作业，动力电池日常维护主要针对蓄电池电量。一级维护指除日常维护作业外，检查动力电池工作状态（主要是电池单体电压一致性），专用设备进行 SOC 值校准。二级维护指除一级维护作业外，更加细致地检测调整动力电池工作状况和冷却系统。封存、启用维护指车辆电池的封存和启用维护。

2）维护周期

动力电池系统维护周期根据营运及非营运电动汽车的使用频率进行划分，具体周期如表5-4所示；非定期维护保养周期则根据具体情况而定。

表5-4 营运/非营运电动汽车维护作业周期（里程/时间）

序号	维护类别	营运电动汽车 间隔里程/时间	非营运电动汽车 间隔里程/时间
1	日常维护	每个运行工作日	—
2	一级维护	5 000~10 000 km 或 1 个月	5 000~10 000 km 或 6 个月
3	二级维护	20 000~30 000 km 或 6 个月	20 000~30 000 km 或 1 年

注：维护作业间隔里程/时间，以先到者为保养周期要求。

3）保养工具

电动汽车电池保养除了一般的拆装、清洁工具外，还包括万用表、绝缘性测试仪以及专用诊断工具，如内阻仪、电池性能测试仪、电池在线均衡仪等。由于动力电池属于高压系统，在保养时操作者还要务必注意进行安全防护。

2. 保养项目及要求

1）日常维护保养项目

对动力电池外表进行清洁，保持整洁，观察故障灯状态是否正常，对蓄电池电量进行检视并补给。

2）一级维护保养项目及要求

一级维护保养时，除了对高低压蓄电池、高压控制盒、DC-DC 变化器等的检视、清洁、紧固、添加、导线连接、充电等情况进行日常维护外，还需要用专用设备进行检测和校准，具体项目及要求如表5-5所示。

表5-5 动力电池系统一级维护作业项目及要求

序号	项目	作业内容	技术要求
1	高压蓄电池系统冷却风道滤网	拆卸、清洁、检查滤网	清除积尘，如有损坏或达到产品说明书要求更换条件的，更换滤网
2	动力蓄电池系统状态	用专用动力蓄电池维护设备（或外接充电）对单体电池一致性进行维护	动力蓄电池系统中电池单体一致性应满足产品技术要求
3	动力蓄电池系统SOC 值校准	采用动力蓄电池专用诊断设备（或外接充电）对系统 SOC 值校准	系统 SOC 误差值小于 8%
4	外接充电互锁	外接充电检查	当车辆与外部电路（例如：电网、外部充电器）连接时，不能通过其自身的驱动系统使车辆移动
5	高压绝缘状态	使用兆欧表检测高压蓄电池输入、输出与车体之间的绝缘电阻	绝缘电阻≥5 MΩ

3）二级维护保养项目及要求

二级维护在一级维护的基础上，进一步对电池系统相关数据进行分析，对电池箱风扇、过滤网、绝缘情况、高压配电箱等进行检查。具体作业项目及要求如表5-6所示。

表5-6　动力电池系统二级维护作业项目及要求

序号	项目类别	作业内容	技术要求
1	蓄电池系统	系统连线	各部位线路固定可靠、整齐
		温度	温度采集数据正常
		单体电压	单体电压采集数据正常，电压在规定范围内
		总电压	系统总电压在规定范围内
2	电池箱	冷却风扇工作状态	工作正常
		通风冷却滤网除尘	滤网无堵塞，箱体内无灰尘
		高压线束连接端紧固	连接牢固、可靠
		箱体安装固定检查	螺栓紧固力矩符合要求
3	绝缘检查	正级（输入、输出）对车体绝缘电阻	$\geq 5\ M\Omega$
		负极（输入、输出）对车体绝缘电阻	$\geq 5\ M\Omega$
4	高压配电箱	高压零部件工作状态	高压零部件工作正常

电动汽车在完成动力电池系统二级维护后，应进行竣工检验。各项目参数应符合产品使用说明书，如果使用说明书不明确，则应以国家标准、行业标准及地方标准为准；竣工检验不合格的应进行进一步的检验、诊断和维护，直到达到维护竣工技术要求为止。竣工检验应在整车高压上电情况下检查、检测，技术要求符合表5-7所示规定。

表5-7　动力电池系统二级维护竣工技术要求

序号	检查对象	检查项目	技术要求
1	动力蓄电池系统	总电压	符合规定
		外接充电状态	使用直流充电机外接充电时，无充电中断现象，充电SOC显示100%，系统应自动终止充电
		电池工作状态	正常，专用诊断仪检查，无动力蓄电池故障指示
		电池通风工作状态	正常
		高压配电箱中各电器件状态	电器件安装牢固、无烧蚀或损坏
2	电源辅助系统	DC/AC逆变器工作状态	符合规定
		DC/DC直流电源变换器工作状态	符合规定
		车载充电机工作状态	交流外接充电时，无充电中断现象，充电SOC显示100%，系统应自动终止充电
3	高压系统绝缘	检查整车高压系统输入、输出端与车体之间的绝缘电阻	绝缘电阻$\geq 5\ M\Omega$

二、电池保养操作实训

需要指出的是，动力电池系统的保养通常是和其他系统一起进行的，因此这里除了电池舱外，还涉及充电接口、车载充电机、DC/DC变换器以及低压蓄电池等其他电源系统的保养，下面以比亚迪 E5 为例，介绍电动汽车电源系统的（部分）常规保养。

动力电池的保养实训

1）保养准备

将车辆停放到能够举升的准确位置上，并在周边放置好警示牌；两名保养人员配合，检查绝缘手套的完好性，检查工具的完整性，放置灭火器；打开动力舱盖，并支撑好舱盖；做好车内的保护套防护工作。

2）日常检视

拆下维修开关（图 5-22），并放置在规定的安全位置。

图 5-22　拆卸维修开关

两名保养人员配合将车辆进行举升，注意过程的安全性。一名保养人员戴好头盔进入车辆下面，检查蓄电池的外观的完好性。首先检查蓄电池的底部外观情况是否良好，其次检查冷却水管与线束的完好性，最后检查蓄电池正负母线的完好性及控制线接线等的牢固性是否良好，如图 5-23 所示。

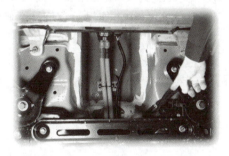

图 5-23　检查线束完好性及母线控制线牢固性

3）绝缘性检查

使用绝缘表进行动力蓄电池的正负母线的绝缘性检查。图 5-24 所示的绝缘表测量的读

数是 11 GΩ，绝缘性良好（国标要求绝缘电阻应当大于 100 Ω/V）。

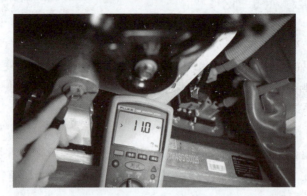

图 5-24　蓄电池母线绝缘性检查

4）数据读取

将诊断仪的连接线接到车辆的诊断座上，并接好诊断仪（已事先将维修开关插到位）；将车辆上电，打开诊断仪，进入相应车辆的界面，选好车型；接下来，进入车辆数据流读取环节，如图 5-25 所示。此过程时间有些长，需要耐心等待。

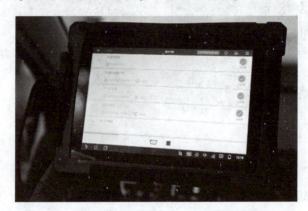

图 5-25　读取动力电池系统数据

直到所有数据检索完成，并进行相应辅助数据说明查询，了解整个蓄电池的完好性后，数据流的读取工作就算完成了（注意：在数据流读取的过程中，如果发现问题，则需要及时送修）。

5）保养完成

整理好工具与仪器，移出车辆；收好车内保护套，做好保养记录。动力蓄电池保养结束。

🎯 任务实施

我们在上一阶段学习了动力电池维护保养。请完成以下情景任务：

你作为 4S 店的服务顾问，为顾客小 D 解答电动汽车为什么需要做保养，尤其是动力电池需要做哪些保养项目。

 评价与考核

一、任务评价

任务评价见表5-8。

表5-8　任务评价

考核项目	评分标准	学生自评	小组互评	教师评价	小计
动力电池保养	从专业角度分析，为什么做、做哪些项目				
	语言组织及沟通效果				

二、任务考核

1. 动力电池的一级维护和二级维护区别在哪里？

2. 动力电池的维护是否必须借助于诊断仪？

3. 为什么要进行动力电池绝缘性检测？

 拓展提升

按照二级维护竣工技术要求，对电池完成保养的电池系统进行检查判断。

任务5-4　了解动力电池故障诊断

 任务引言

小 D 在进行动力电池常规维护保养的过程中，发现诊断仪提示蓄电池电压过低，是否能据此判断起动电池老化，从而必须更换一个新的蓄电池呢？

 学习目标

1. 掌握动力电池系统故障的分析方法；

2. 了解电池及充电系统常见故障；

3. 能够进行电池及充电系统一般故障的诊断与排除，注重"工匠精神"的培养。

动力电池的
故障分析方法

知识储备

一、动力电池故障分析

1. 常用分析方法

1）直接分析法

根据所出现的故障现象，分析可能的故障原因，然后对可能的故障部位逐个进行检测。针对故障现象对故障原因进行分析，对可能的故障范围和部位有了大致的了解，就可避免对无关电路和部件的盲目检测而费工费时，也可避免对可能的故障电路和部件漏检而不能及时排除故障。因此，故障分析细致全面，有助于迅速准确地排除故障。例如，电动汽车失去动力，可逐个分析、排除电源系统哪个部分有故障。

2）直观检测法

直观检查无须检测仪器和其他工具，通过人的视觉"看"、听觉"听"和触觉"摸"等方法诊断所检部位正常与否，对一些显露的可能故障部位是一种简捷有效的故障检查方法。具体来说有三个方面：用眼睛仔细观察可能故障部件有无较为显露的故障，如导线和部件有无破损断脱。用耳朵仔细听可能故障部位的声响，用以判断所检部件是否有故障。如接通电源或断开电路时仔细听有关部件有无动作声响等。用手触摸可能故障部位有无异常，如插接器连接有无松动、线路连接处是否因连接不良而导致有异常的温度（电流较大的电路连接点）等。

3）电压检测法

电压检测法是汽车电路分析及故障检修中最常用的检测手段，它是通过电压表测量相关检测点的电压来诊断电路和部件故障与否。通过电压检测法能判断以下两点：①检查电路的通断性；②检查部件性能。例如，蓄电池测量电压偏低，可判断很可能是由于 DC/DC 不能正常为其充电造成的。

4）电阻检测法

电阻检测法也是汽车电路分析及故障检修中最常用的检测手段，它通过欧姆表测量相关线路和部件内部电路的电阻来判断电路和部件是否正常。通过电阻检测法能判断以下两点：①检查电路的通断性；②检查部件是否有故障。例如，某块电池单体的内阻出现异常变大，可以指导该电池出现故障。

5）替代与排除法

替代法是用一个新的或确认为良好的同类型部件来替代被检测部件，看系统的工作情况。如果系统工作恢复正常，则说明该部件有故障，需予以更换；如果系统故障依旧，则该部件所连接的线路或相关部件有故障。检测与该部件所连接的电路和相关部件，当所有与故障现象相关的电路和部件均确认为良好时，则可认为该部件有故障，需予以更换。例如，某充电桩不能为电池充电，如果换另一个充电桩可以充电，则可判定该充电桩有故障。

2. 充电系统常见故障

以某车载充电器为例，其面板有 3 个指示灯（图 5-26）：①交流电源指示灯（绿色），当接通交流电后，电源指示灯亮起；②工作状态指示灯（绿色），当充电机接通电池进入充电状态后，充电指示灯亮起；③报警指示灯（红色），当充电机内部有故障或者错误的操作亮起。

图 5-26　车载充电器及其指示灯

充电系统常见故障：

1) 12 V 低压供电异常

当充电机 12 V 模块异常时，BMS、仪表等由于没有唤醒信号唤醒，无法为充电机进行通信。判断方式：当 12 V 未上电时，最简单的判断方式就是交流上电时，电池没有发出继电器闭合的声音，一般都是 12 V 异常。需要检查低压保险盒内充电唤醒的保险及继电器，以及充电机端子是否出现退针的情况。

2) 充电机检测电池电压不满足要求

此问题是在充电过程中，BMS 可以正常工作，但充电机工作开始前需要检测动力电池电压，当动力电池电压在工作范围内，车载充电机可以正常工作，否则充电机认为电池不满足充电的要求。判断方法：此情况常见的为高压插件端子退针或高压保险熔断，或者电池电压超过工作范围。

3) 充电机与充电桩握手不正常

充电机工作过程中会检测与充电桩之间的握手信号，当判断到连接确认线 CC 的开关断开，充电机认为此时将要拔掉充电枪，此时会停止工作，防止带电插拔，提升充电枪端子寿命。若充电枪未插到位，则可能出现此情况。

4) 无法充电的故障

充电桩输入电压正常，由于施工时电源线不符合标准所引起无法充电的故障。车辆在低温环境下，充电桩开始时与充电机连接正常，由于车辆动力电池低温下需将电芯加热至 0~5 ℃ 时，才能进行正常充电，加热过程时，负载较小，电压下降并不多，进入充电过程时，负载加大，输入电压下降，充电桩为充电机提供的电源电压低于 187 V 时，充电机无法正常工作，充电机停止工作后，负载减小，测量时电压又恢复正常，这种情况一定要在充电机进入充电过程时测量当时准确电压，来找到故障所在。

3. 电池系统常见故障

在进行动力电池故障分析前，要首先了解动力电池系统为整车上电以及充电的过程。

上电过程如下：

（1）起动钥匙打在 ON 挡，蓄电池 12 V 供电，全车高压有控制器的部件（动力电池、电机控制器、整车控制器、空调控制器、DC-DC 控制器）低压上电唤醒、初始化、自检，无故障，上报整车控制器（VCU）；动力力电池内部动力母线绝缘检测合格，各个继电器状态合格，各个电池模组电压温度状态合格，上报整车控制器（VCU）。

（2）整车控制器（VCU）控制动力电池负极母线继电器闭合。

（3）动力电池内部主控盒控制预充电继电器闭合，动力电池首先为负载端各个电容充电，电池管理系统检测到电容充满电后，主控盒闭合正极母线继电器，然后断开预充电继电器。

（4）此时仪表上出现 READY 灯符号。

动力电池充电的过程如下：

（1）车辆停止后，起动钥匙在 OFF 挡位，12 V 蓄电池 ON 挡供电断开；车辆高压系统包括整车控制器，处于休眠状态。

（2）车辆充电时，起动钥匙要求在 OFF 挡位，充电枪连接正常后，首先充电机（慢充和快充）送出充电机自有的 12 V 低压电，唤醒整车控制器（VCU），仪表盘出现充电插头信号，表示充电枪连接正常。

（3）整车控制器（VCU）的 12 V 低压，唤醒动力电池管理系统和 DC-DC 转换器，动力电池内部自检合格后，通过 CAN 先向充电机发出充电请求信号，闭合正负母电继电器，开始充电。

（4）充电过程中主控盒与从控盒采集的电池电压和温度信息，随时通过内部 CAN 线通信，主控盒把信息通过对外 CAN 总线与整车控制器（VCU）和充电机通信，把动力电池的充电要求信息传给充电机，充电机随时调节充电电流和电压，保证充电安全合理。

（5）当充电结束拔出充电枪后，整车控制器（VCU）让高压系统下电。

根据动力电池故障严重程度，可以将其划分为三个等级：

（1）三级故障：表明动力电池性能下降，电池管理系统降低最大允许充/放电电流。

（2）二级故障：表明动力电池在此状态下功能已经丧失，请求其他控制器停止充电或者放电；其他控制器应在一定的延时时间内响应动力电池停止充电或放电请求（其他控制器响应动力电池二级故障的延时时间建议少于 60 s，否则会引发动力电池上报一级故障）。

（3）一级故障：表明动力电池在此状态下功能已经丧失，请求其他控制器立即（1 s 内）停止充电或放电。如果其他控制器在指定时间内未做出响应，那么电池管理系统将在 2 s 后主动停止充电或放电（即断开高压继电器）。

动力电池的故障会在仪表上显示"请检查动力系统"。根据故障的程度不同，亮起的指示灯亦不同，如图 5-27 所示。表 5-9 给出了比亚迪纯电动汽车仪表指示及警告灯注解。电动汽车动力电池系统常见故障描述及常规解决方案可参见表 5-10。

图 5-27　比亚迪 E5 仪表盘

表 5-9　仪表盘故障指示灯说明

符号	说明	符号	说明
(!)	驻车制动故障警告灯*	ESP OFF	ESP OFF 警告灯（装有时）
🚹	驾驶员座椅安全带指示灯*	🔐	防盗指示灯
🔋	充电系统警告灯*	⚠	主告警指示灯*
🔆	前雾灯指示灯	ECO	ECO 指示灯（装有时）
🔅	后雾灯指示灯	🔋	动力电池电量低警告灯
⊶	智能钥匙系统警告灯*	🔋!	动力电池故障警告灯*
(ABS)	ABS 故障警告灯*	(!)	胎压故障警告灯（装有时）*
🌡	电机冷却液温度过高警告灯	(P)	电子驻车状态指示灯
🚗	ESP 故障警告灯（装有时）*	OK	OK 指示灯
🚘	车门状态指示灯*	⟁	动力系统故障警告灯*
🚹	SRS 故障警告灯*	〰	动力电池过热警告灯*
⊘!	EPS 故障指示灯	🔌	动力电池充电连接指示灯
⇟	小灯指示灯	🕙	巡航主指示灯（装有时）
≣D	远光灯指示灯	SET	巡航控制指示灯（装有时）
⬅➡	转向指示灯		

表 5-10　电动汽车动力电池系统常见故障

序号	故障描述	常规解决办法（按照序号进行操作）
1	SOC 异常，如无显示，数值明显不符合逻辑	1. 停车或者关闭车钥匙后重新起动； 2. 检查仪表显示其他故障报警有无点亮，并做好现象记录； 3. 联系专业售后人员进行复查，维修人员确认无误后正常使用

序号	故障描述	常规解决办法（按照序号进行操作）
2	续航里程低于经验值	联系维护人员，检查充放电过程，容量是否衰减，BMS 控制是否正常
3	电池过热报警/保护	1. 10 s 内减速，停车观察； 2. 检查报警是否消除，检查是否有其他故障，并做好记录； 3. 若报警或保护消除，可以继续驾驶；否则，联系售后人员； 4. 运行中若连续 3 次以上出现停车，减速故障消除时，联系售后人员
4	SOC 过低报警/保护	1. SOC 低于 30% 报警出现时减速行驶，寻找最近的充电站进行充电； 2. 停车休息 3~5 min 后行驶，检查故障是否能自动消除； 3. 若故障不能自行解除，且仍未驶达充电站，则应联系售后人员解决
5	电压/电流明显异常	1. 关闭车钥匙，迅速下车并保存适当距离； 2. 联系专业技术人员处理
6	钥匙打"ON/START"后不工作	1. 检查并维护低压电源； 2. 若打"ON"后能工作，检查仪表盘上故障显示，并记录； 3. 若打"START"后仍不能工作，则应联系专业人员
7	不能充电	1. 检查 SOC 当前数值； 2. 检查充电线缆是否按照正确方法连接； 3. 若环境温度超出使用范围，终止使用； 4. 联系维修人员
8	运行时高压短时间丢失	检查系统屏蔽层是否有效，检查继电器是否能正常动作，检查主回路是否接触良好
9	电池外箱磨损破坏	联系专业人员维护

二、动力电池故障实训

由于电池系统的故障原因多种多样，出现问题时要根据故障现象及电路原理结合诊断知识进行具体分析，下面仍以比亚迪 E5 的故障诊断为例，说明动力电池故障诊断的步骤。

动力电池的故障诊断实训

1）故障现象

行驶中仪表提示"请检查充电系统"（图 5-28）。分析原因，可能是高压系统故障、线束故障、BMS 故障。

2）诊断过程

做好诊断前的准备工作，连接好故障诊断仪，进行数据流的读取。诊断仪读取数据流中出现：DC-DC 总成有 1 个故障，查阅故障内容为"降压时低压侧电压过低"（图 5-29）。

图 5-28 读取动力电池系统数据

图 5-29 读取动力电池系统数据

进一步开展诊断，检测车辆蓄电池没有上电时的电压显示正常。将车辆进行上电后，检查 DC-DC 正极输出端到蓄电池负极的电压值 12.07 V（图 5-30），偏低（正常数值为 14 V 左右）。

图 5-30 读取动力电池系统数据

将车辆下电，检测 DC-DC 正极输出端与蓄电池正极的电阻值，发现正极柱与连接线电阻为无穷大，不正常。拆开 DC-DC 正极接线柱处，进一步检查发现柱与连接线不导通（导致 DC-DC 不能为低压蓄电池充电）。

3）故障排除

重新接好正极柱与外部的连接，并上紧紧固螺丝，检测电阻数值小于 1 Ω，已导通。接好蓄电池负极连接线，将车辆上电，再次读取数据流，无故障（图 5-31）。此时测量蓄电池正负极电压为 14 V 左右（正常），故障排除。

图 5-31　读取动力电池系统数据

拆下车辆机舱前端防护用具，将车辆移出维修工位，停放好车辆。分别将使用过的工具进行清洁、整理、归位，工作结束。

 **任务实施**

我们在上一阶段学习了动力电池系统故障诊断的方法和步骤。请结合课程内容完成以下情景任务：

小 D 在开展动力电池常规维护保养的过程中，发现诊断仪提示蓄电池电压过低，是否能据此判断起动电池老化，从而必须更换一个新的蓄电池？

评价与考核

一、任务评价

任务评价见表 5-11。

表 5-11　任务评价

考核项目	评分标准	学生自评	小组互评	教师评价	小计
电池故障诊断	专业角度分析有可能是哪些方面的原因				
	如何确定实际的故障				

二、任务考核

1. 电动汽车电路故障的一般分析方式是什么？什么是电阻检测法？
2. 充电系统和动力电池系统有哪些常见故障？
3. 动力电池系统故障的严重程度是如何划分的？

拓展提升

某纯电动汽车在行驶中"乌龟灯"亮起，作为驾驶员应该怎么处理？可能是什么原因造成的？作为维修人员又应该如何排除故障？

参 考 文 献

[1] 王震坡，孙逢春，刘鹏．电动车辆动力电池系统及应用技术（第2版）[M]．北京：机械工业出版社，2017．

[2] 张凯．动力电池管理及维护技术（第2版）[M]．北京：清华大学出版社，2020．

[3] 中国汽车工程学会．节能与新能源汽车技术路线图2.0 [M]．北京：机械工业出版社，2021．

[4] 吕江毅，成林．新能源汽车动力蓄电池技术 [M]．北京：机械工业出版社，2019．

[5] 黄永和，于凯．中国新能源汽车产业发展报告 [M]．北京：社会科学文献出版社，2018．

[6] 王芳，夏军．电动汽车动力电池系统安全分析与设计 [M]．北京：科学出版社，2016．

[7] 夏军．电动汽车动力电池系统国标最详解读 [EB/OL]．https：//www.d1ev.com/kol/39810，2015-08-26/2021-08-10．

[8] 苏树辉，毛宗强，袁国林．国际氢能产业发展报告 [M]．北京：世界知识出版社，2017．

[9] 马银山．电动汽车充电技术及运营知识问答 [M]．北京：中国电力出版社，2012．

[10] 杨雪佳．电动汽车充电桩运营模式研究 [J]．科技资讯，2016，(09)：81，83．

[11] 中华人民共和国国家质量监督检验检疫总局．中华人民共和国国家标准：电动汽车充电站通用要求：GB/T 29781-2013 [S]．北京：中国标准出版社，2013．

[12] 中华人民共和国国家质量监督检验检疫总局．中华人民共和国国家标准：电动汽车用动力蓄电池循环寿命要求及试验方法：GB/T 31484-2015 [S]．北京：中国标准出版社，2015．

[13] 中华人民共和国国家质量监督检验检疫总局．中华人民共和国国家标准：电动汽车用动力蓄电池电性能要求及试验方法：GB/T 31486-2015 [S]．北京：中国标准出版

社，2015.

[14] 中华人民共和国国家质量监督检验检疫总局．中华人民共和国国家标准：电动汽车用锂离子动力蓄电池包和系统 第1部分：高功率应用测试规程：GB/T 31467.1-2015 [S]．北京：中国标准出版社，2015.

[15] 中华人民共和国国家质量监督检验检疫总局．中华人民共和国国家标准：电动汽车用锂离子动力蓄电池包和系统 第2部分：高能量应用测试规程：GB/T 31467.2-2015 [S]．北京：中国标准出版社，2015.

[16] 国家市场监督管理总局．中华人民共和国国家标准：电动汽车用动力蓄电池安全要求：GB 38031-2020 [S]．北京：中国标准出版社，2020.

[17] 中华人民共和国国家质量监督检验检疫总局．中华人民共和国国家标准：电动汽车 安全要求 第1部分：车载可充电储能系统（REESS）：GB 18384.1-2015 [S]．北京：中国标准出版社，2015.

[18] 深圳市市场监督管理局．深圳市地方行业标准：电动汽车维护和保养规范：SZDB/Z 201-2016 [S]．深圳：深圳市市场监督管理局通知，2016.